全国电子信息类和财经类优秀教材
新工科建设·应用型本科规划教材
广东省重点学科建设、应用型专业转型、广东省质量工程项目成果

C 语言程序设计

增量式项目驱动一体化教程

（第 2 版）

苑俊英　谭志国　陈海山　何广赢　主编

电子工业出版社
Publishing House of Electronics Industry
北京·BEIJING

内 容 简 介

本书按照增量式项目驱动一体化的教学模式安排教学内容，融知识点、实践案例于一体，重点讲解如何将各知识点应用于实践。每章都列出了核心知识点，并通过简单、可理解的示例，帮助读者理解和掌握核心知识的应用。增量式项目驱动能够训练读者的编程能力和知识点的综合应用能力。本书包括 13 章内容和 5 个附录。

本书在内容上侧重 C 语言基本语法的学习和应用，增量的方式贯穿全书，并介绍了一个完整的 LED 数码管程序的开发过程，适合初学者对 C 语言的理解，通过对案例的学习和模拟，实现编程应用。

图书在版编目（CIP）数据

C 语言程序设计：增量式项目驱动一体化教程 / 苑俊英等主编. —2 版. —北京：电子工业出版社，2019.8
ISBN 978-7-121-36869-1

Ⅰ. ① C… Ⅱ. ① 苑… Ⅲ. ① C 语言－程序设计－高等学校－教材 Ⅳ. ① TP312.8

中国版本图书馆 CIP 数据核字（2019）第 120878 号

责任编辑：章海涛
印　　刷：北京虎彩文化传播有限公司
装　　订：北京虎彩文化传播有限公司
出版发行：电子工业出版社
　　　　　北京市海淀区万寿路 173 信箱　　邮编：100036
开　　本：787×1092　1/16　　印张：16.5　　字数：420 千字
版　　次：2015 年 9 月第 1 版
　　　　　2019 年 8 月第 2 版
印　　次：2022 年 8 月第 6 次印刷
定　　价：48.00 元

前　言

　　本书是作者多年教学和实践经验的总结，按照**增量式项目驱动一体化的教学模式**安排教学内容，**融知识点、实践案例**于一体，重点讲解如何将各知识点应用于实践。

　　由于大学新生初次接触程序设计语言，以及 C 语言上课枯燥的特点，本教材教学团队抛弃传统教材单纯讲解 C 语言语法的形式，将知识点贯穿于案例中，以案例驱动，循序渐进、由浅入深；采取知识点与案例相对应的方式，安排教学内容；采用增量式的程序设计模式安排教学内容，将任务进行分解、简化问题；最终使读者既能掌握编程语言的思想和方法，又能学有所获。

　　本书为广东省重点专业、应用型专业转型、广东省质量工程项目成果。

　　书中每章都列出了核心知识点，并通过简单、可理解的示例，帮助读者理解和掌握核心知识的应用，增量式项目驱动能够训练读者的编程能力、知识点的综合应用能力。

　　第 1 章主要讲解 C 语言的基本概念、C 语言开发环境和 C 程序的开发步骤，要求读者初步认识 C 语言，并通过 C 语言开发环境开发简单的 C 程序。

　　第 2 章介绍增量项目——LED 数码管，并对整个项目进行了增量划分，将每个增量与后续的章节进行知识点与增量任务的对应。

　　第 3 章介绍 C 语言的基本数据类型，要求读者熟练使用 C 语言数据类型来定义数据。

　　第 4 章介绍 C 语言的运算符和表达式，要求读者熟练应用各种运算符和表达式进行计算和语句表达。

　　第 5 章介绍选择结构程序设计，第 6 章介绍循环结构程序设计，要求读者掌握使用控制结构进行复杂程序设计的能力。

　　第 7 章介绍函数的结构、函数的定义和调用等内容，要求读者掌握用函数进行模块化程序设计的思想，并在 LED 数码管增量上使用函数对功能模块进行封装。

　　第 8 章介绍数组，强调数组在解决实际问题中的重要性及使用。

　　第 9 章介绍 C 语言的重要内容——指针，用简单明了的方式介绍了指针的应用。

　　第 10 章介绍字符串的应用。

　　第 11 章介绍结构体、共用体和枚举类型。

　　第 12 章结合实例介绍文件的操作和使用。

　　第 13 章简单介绍 C 语言中的预编译命令。

　　本书在内容上侧重 C 语言基本语法的学习和应用，采用增量的方式贯穿全书，并介绍了一个 LED 数码管程序的开发过程，适合初学者对 C 语言的理解，并通过对案例的学习和模拟，用 C 语言基本技能实现其他应用。

　　本书采用开源软件 CodeBlocks 作为 C 语言开发环境，CodeBlocks 可以从官方网站下载、安装和使用。本书配有《C 语言程序设计实验教程（第 2 版）》（ISBN 978-7-121-36870-7），可以作为与本书配套。

　　本书可以作为计算机及相关专业程序设计课程的教学用书，不同专业在讲授时可根据学生、学时等具体情况有选择讲授不同章节的内容，还可以作为计算机等级考试的学习或参考用书。

对于计算机专业的学生，建议授课学时为 54+36 学时，其中 54 学时为课堂讲授，36 学时为上机实验。各章节学时分配可参考如下。

课程内容	学时（理论+实验）
第 1 章　初识 C 语言	2+1
第 2 章　C 语言知识在实践中的应用	1+1
第 3 章　基本数据类型	3+2
第 4 章　运算符与表达式	6+4
第 5 章　选择结构程序设计	6+4
第 6 章　循环结构程序设计	6+4
第 7 章　函数调用	6+4
第 8 章　数组	6+4
第 9 章　指针	6+4
第 10 章　字符串处理	3+2
第 11 章　结构体、共用体和枚举	4+2
第 12 章　读写文件	3+2
第 13 章　预编译命令	2+2

本书第 1～3 章由陈海山编写，第 4～7 章由苑俊英编写，第 8～9、13 章由何广赢编写，第 10～12 章由谭志国编写。书中 LED 数码管案例的增量实现由陈海山、李瑞程完成，全书由苑俊英负责统稿和定稿。

本书在编写过程中得到了中山大学信息科学与技术学院杨智教授、中山大学南方学院洪维恩教授的支持与帮助，在此表示诚挚的谢意。在本书编写过程中，中山大学南方学院的李瑞程、佘聪、白凯凯、邱洋等同学参与了本书代码的测试工作。同时感谢电子工业出版社及所有编辑为本书完成所做的工作。

本书还配有教学课件、实例代码、增量项目源码和实验，有需要的读者可发邮件至 cihisa@126.com，也可以登录到 http://www.hxedu.com.cn，注册后进行下载。

由于作者水平有限，编写时间仓促，在本书中难免有一些错误，恳请读者提出宝贵建议。

作　者

目　　录

第1章　初识C语言 ··· 1

1.1　C语言概述 ··· 1

1.2　C语言开发环境 ·· 2

　　1.2.1　运行C语言程序的步骤和方法 ·· 2

　　1.2.2　最简单的C语言程序 ·· 3

1.3　算法 ·· 4

　　1.3.1　算法的定义 ·· 4

　　1.3.2　算法的表示 ·· 4

　　1.3.3　算法举例 ·· 6

本章小结 ·· 10

习题1 ··· 10

第2章　C语言知识在实践中的应用 ··· 11

2.1　案例介绍 ·· 11

2.2　案例分析 ·· 12

　　2.2.1　显示单个数字 ·· 12

　　2.2.2　依次显示数字 ·· 14

　　2.2.3　无限次或有限次循环显示数字0～9 ·· 15

　　2.2.4　循环显示任意一位指定数字 ·· 15

　　2.2.5　保存显示过的所有数字 ·· 15

　　2.2.6　显示多位整数或小数 ·· 15

2.3　增量划分和进度安排 ··· 16

2.4　LED数码管接口文件 ··· 16

本章小结 ·· 18

习题2 ··· 18

第3章　基本数据类型 ·· 19

3.1　基本技能 ·· 19

　　3.1.1　C语言的数据类型 ··· 19

　　3.1.2　标识符 ·· 20

　　3.1.3　常量 ··· 21

　　3.1.4　变量 ··· 23

　　3.1.5　数据的输入、输出 ·· 26

3.2　增量式项目驱动 ·· 31

本章小结 ……………………………………………………………… 33

习题 3 …………………………………………………………………… 34

第 4 章　运算符与表达式 ………………………………………… 37

4.1　基本技能 ……………………………………………………… 37

4.1.1　算术运算符 …………………………………………… 38

4.1.2　关系运算符 …………………………………………… 40

4.1.3　逻辑运算符 …………………………………………… 40

4.1.4　条件运算符 …………………………………………… 42

4.1.5　逗号运算符 …………………………………………… 43

4.1.6　位运算符 ……………………………………………… 43

4.1.7　赋值运算符 …………………………………………… 45

4.1.8　不同数据类型间的转换 ……………………………… 46

4.1.9　C 程序的结构 ………………………………………… 47

4.1.10　顺序结构的 C 语言程序 …………………………… 48

4.2　增量式项目驱动 ……………………………………………… 49

本章小结 ……………………………………………………………… 51

习题 4 …………………………………………………………………… 52

第 5 章　选择结构程序设计 ……………………………………… 54

5.1　基本技能 ……………………………………………………… 54

5.1.1　单分支 if 语句 ………………………………………… 54

5.1.2　双分支 if-else 语句 …………………………………… 56

5.1.3　if-else-if 结构 ………………………………………… 58

5.1.4　if 语句的嵌套 ………………………………………… 59

5.1.5　开关语句 ……………………………………………… 62

5.2　增量式项目驱动 ……………………………………………… 65

本章小结 ……………………………………………………………… 73

习题 5 …………………………………………………………………… 73

第 6 章　循环结构程序设计 ……………………………………… 78

6.1　基本技能 ……………………………………………………… 78

6.1.1　while 循环语句 ………………………………………… 78

6.1.2　do-while 循环语句 …………………………………… 80

6.1.3　for 循环语句 ………………………………………… 82

6.1.4　循环的嵌套 …………………………………………… 85

6.1.5　break 语句 …………………………………………… 86

6.1.6　continue 语句 ………………………………………… 87

6.2　增量式项目驱动 ……………………………………………… 88

本章小结 ··· 100

习题 6 ··· 100

第 7 章　函数调用 ··· 102

7.1　基本技能 ··· 104

7.1.1　函数的分类和定义 ·· 104

7.1.2　函数的参数和函数的值 ··· 105

7.1.3　函数的调用 ·· 108

7.1.4　函数的嵌套和递归调用 ··· 109

7.1.5　变量的作用域 ·· 111

7.1.6　变量的存储方式和生存期 ··· 114

7.2　增量式项目驱动 ··· 116

本章小结 ··· 127

习题 7 ··· 128

第 8 章　数组 ··· 132

8.1　基本技能 ··· 132

8.1.1　数组的分类和定义 ·· 132

8.1.2　二维数组 ··· 139

8.1.3　数组作为函数参数 ·· 142

8.2　增量式项目驱动 ··· 144

本章小结 ··· 151

习题 8 ··· 151

第 9 章　指针 ··· 157

9.1　基本技能 ··· 157

9.1.1　指针概述 ··· 157

9.1.2　指针变量 ··· 158

9.1.3　指针与数组 ·· 161

9.1.4　指针与函数 ·· 167

9.1.5　指针的内存处理 ··· 170

9.2　增量式项目驱动 ··· 171

本章小结 ··· 177

习题 9 ··· 177

第 10 章　字符串处理 ··· 182

10.1　字符数组、字符串与指针 ··· 182

10.1.1　字符数组、字符串与指针概述 ··· 182

10.1.2　字符数组的输入和输出 ··· 184

10.2　字符串处理函数 ……………………………………………………………… 186

本章小结 ……………………………………………………………………………… 192

习题 10 ……………………………………………………………………………… 193

第 11 章　结构体、共用体和枚举 …………………………………………………… 198

11.1　基本技能 ……………………………………………………………………… 198

11.1.1　结构体类型 …………………………………………………………… 198

11.1.2　结构体数组 …………………………………………………………… 201

11.1.3　结构体指针和函数 …………………………………………………… 203

11.1.4　共用体类型 …………………………………………………………… 206

11.1.5　枚举类型 ……………………………………………………………… 207

11.2　增量项目驱动 …………………………………………………………………… 209

本章小结 ……………………………………………………………………………… 213

习题 11 ……………………………………………………………………………… 213

第 12 章　读写文件 …………………………………………………………………… 219

12.1　基本技能 ……………………………………………………………………… 219

12.1.1　文件 …………………………………………………………………… 219

12.1.2　读文本文件 …………………………………………………………… 220

12.1.3　写文本文件 …………………………………………………………… 222

12.1.4　读写二进制文件 ……………………………………………………… 224

12.1.5　随机读写文件 ………………………………………………………… 228

12.2　增量项目驱动 …………………………………………………………………… 231

本章小结 ……………………………………………………………………………… 232

习题 12 ……………………………………………………………………………… 233

第 13 章　预编译命令 ………………………………………………………………… 238

13.1　预编译的概念和作用 …………………………………………………………… 238

13.2　文件包含 ……………………………………………………………………… 238

13.3　宏定义 ………………………………………………………………………… 239

13.4　条件编译 ……………………………………………………………………… 243

本章小结 ……………………………………………………………………………… 244

习题 13 ……………………………………………………………………………… 244

附录 A　ASCII 表 …………………………………………………………………… 246

附录 B　C 语言中的关键字 ………………………………………………………… 248

附录 C　运算符、优先级和结合性 ………………………………………………… 250

附录 D　C 语言中的常用库函数 …………………………………………………… 251

附录 E　C 语言中的标准头文件 …………………………………………………… 253

第1章　初识 C 语言

✖ 熟练掌握 C 语言开发环境 CodeBlocks 的使用
✖ 掌握运行 C 程序的基本步骤
✖ 了解 C 语言的历史及特点
✖ 熟悉算法的表示形式

1.1　C 语言概述

C 语言是国际上广泛流行的计算机高级语言，C 语言的祖先是 BCPL（Basic Combined Programming Language）语言。1970 年，美国 AT&T 贝尔实验室的 Ken Thompson 以 BCPL 为基础，设计出了简单且很接近硬件的 B 语言（取 BCPL 的第一个字母），但 B 语言过于简单，功能有限。1972 年至 1973 年间，美国贝尔实验室的 D.M. Ritchie 在 B 语言的基础上设计了 C 语言。C 语言既保持了 BCPL 和 B 语言的优点（接近硬件），又克服了它们的缺点（过于简单、无数据类型等）。最初的 C 语言只是为描述和实现 UNIX 操作系统提供一种工作语言而设计的。1973 年，Ken Thompson 和 D.M. Ritchie 合作把 UNIX 的 90%以上用 C 语言改写，即 UNIX 第 5 版。1978 年，Brian W.Kernighan 和 Dennis M.Ritchie 合著了影响深远的名著 *The C Programming Language*，它是第一个 C 语言标准。1978 年以后，C 语言先后被移植到大、中、小和微型计算机上。

本书使用 C99（ISO/IEC 9899:1999）标准，C99 标准引入了许多特性，包括内联函数（inline functions）、可变长度的数组、灵活的数组成员（用于结构体）、符合字面量、制定成员的初始化器、对 IEEE754 浮点数的改进、支持不定参数个数的宏定义，在数据类型上增加了 long long int 和复数类型。

C 语言是一种应用范围广泛，既可以用来编写系统应用程序，也可以用来编写不依赖计算机硬件的应用程序。C 语言问世后发展迅速，是目前最受欢迎的编程语言之一。

C 语言的主要特点如下：

① C 语言简洁、使用方便；源程序短，编辑程序时工作量小。

② C 语言可以对硬件编程，可以像汇编语言一样对位、字节和地址进行操作，在单片机和嵌入式系统中应用广泛。

③ C 语言是以函数形式提供给用户的，这些函数可方便调用，并具有多种循环、条件控制结构，使程序完全结构化。

④ C 语言具有各种数据类型和运算符，并引入指针概念，程序执行效率高。

⑤ 用 C 语言编写的程序可移植性好，适合多种操作系统、多种机型。

⑥ 生成目标代码质量高，程序执行效率高。

1.2　C 语言开发环境

C 语言开发环境有很多种，读者可根据需要选择 C 语言的开发环境，如 Visual C++6.0、DEV C++ 等。本书采用 CodeBlocks 作为 C 语言的开发工具，CodeBlocks 是一个开源的全功能跨平台 C/C++ 集成开发环境，支持 Windows 和 GNU/Linux。

1.2.1　运行 C 语言程序的步骤和方法

要编辑一个 C 源程序，并通过 C 语言编程环境 CodeBlocks 进行编译、运行，一般要经过以下步骤，具体过程如图 1-1 所示。

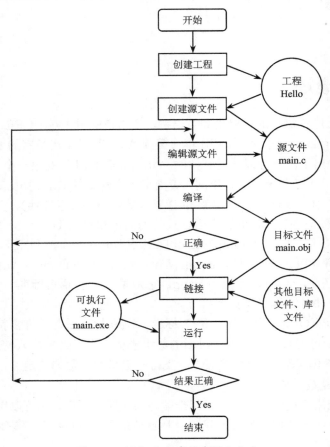

图 1-1　运行 C 程序的步骤和方法

（1）创建工程

通过创建一个工程为一个 C 程序提供工作环境。

（2）向工程添加源文件

一个工程可包含一个或多个源文件，可包含零或多个头文件。

（3）编辑源文件

根据 C 语言的语法规则，用文本编辑器编写的扩展名为 .c 的文件，如 first.c、hello.c 等。

（4）编译

计算机不能直接识别源文件，必须把源文件转化为计算机能够识别的机器指令。C 程序编译器将检查源文件中是否有语法错误，如果有语法错误，将提示相关错误，如果没有语法错误，编译器会将源文件转化为一个二进制文件，该二进制文件被称为源文件的目标文件。目标文件的名字与源文件的名字相同，但扩展名为 .obj。

（5）链接

目标文件是供链接器使用的文件，也就是说，目标文件中含有待确定的链接信息，链接器必须把这些信息替换成真正的链接代码、形成完整的可执行的代码，即链接器负责产生一个可执行文件。可执行文件的名字与源文件的相同，但扩展名为 .exe。

（6）运行

将生成的可执行文件交给操作系统去执行。

1.2.2 最简单的 C 语言程序

学习并掌握 C 程序，首先要熟练使用 C 程序的开发环境，能用 CodeBlocks 编写简单的 C 源程序，并对源程序进行编译、链接和运行。

【例 1-1】 编写一个简单的程序，要求程序输出文字"Hello，C 程序设计——增量式项目驱动一体化教程!"。

（1）代码实现（chp1_1.c）

```
#include <stdio.h>
#include <stdlib.h>
int main(){
    printf("Hello，C 程序设计——增量式项目驱动一体化教程! ");
    getchar();
    return 0;
}
```

（2）运行结果

```
Hello，C程序设计——增量式项目驱动一体化教程!
```

（3）总结

一个 C 语言程序的结构具有以下特点。

① 一个程序由一个或多个源程序文件组成。一个源文件又包含三部分：

❖ 预处理命令。例如：

```
#include <stdio.h>
```

❖ 全局声明。例如，全局变量声明

```
int   num;
```

❖ 函数定义。例如，定义一个 max()函数，用来计算两个数的最大值。

② 函数是 C 程序的主要组成部分。一个 C 语言程序是由一个或多个函数组成的，其中必须且只能有一个 main()函数。

③ 一个函数包含如下两部分。

❖ 函数首部：包括函数类型、函数名、函数参数名、参数类型。

❖ 函数体：函数首部下面{ }中的部分。函数体又包含两部分：声明部分和执行部分。
④ 程序总是从 main()函数开始执行。
⑤ 程序对计算机的操作是由函数中的 C 语句完成的。
⑥ 每条语句结尾由";"结束。

1.3 算法

通过以上内容的学习，可以发现，一个程序主要包括两方面的信息：

① 对数据的描述。程序中需要使用什么样的数据来描述具体问题，数据的类型、数据的组织形式分别如何表示，这就是数据结构（Data Structure）。

② 对操作的描述。程序中对数据进行什么样的处理，即要求计算机进行操作的步骤，这就是算法。

1.3.1 算法的定义

广义的算法是指"为解决一个问题而采取的方法和步骤"，也就是程序。计算机算法就是为了解决一个问题，计算机所需要执行的方法和步骤，也就是计算机程序。

在软件行业，程序的概念还要广一些，既包括算法，也包括算法操作的对象，即数据。数据是指所有能输入到计算机并被计算机程序处理的符号的介质的总称，各种字母、数字符号的组合、语音、图形、图像等统称为数据。数据经过加工后就成为信息，可由计算机进行处理。

算法与数据的关系是，算法操作的对象是数据。在同一应用环境下，不同的数据之间存在一定的联系，这些数据的组织形式就是数据结构。简单来说，程序 = 算法 + 数据结构。

对同一个问题，可能有不同的解题方法和步骤，不同的方法之间有优劣之分，有的方法较简单，有的较复杂，一般采用方法简单、运算步骤较少的方法。

计算机算法分为两大类：数值计算算法和非数值计算算法。数值计算问题一般可通过数学运算进行解决，如求方程的根、求微分方程等；非数值计算问题一般不能直接解决，要通过建立数学模型，设计合适的算法来解决，如图 1-2 所示。

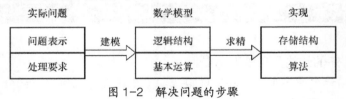

图 1-2　解决问题的步骤

1.3.2 算法的表示

常用的表示算法的方法有：自然语言、流程图、结构化（N/S）流程图和伪代码等。下面对每种方法进行简单介绍。

（1）自然语言

自然语言就是人们日常使用的语言，可以是汉语、英语或其他语言。用自然语言表示的算法通俗易懂，但是文字冗长、容易有歧义。自然语言表示的算法不太严格，要根据上下文才能判断其正确含义。用自然语言描述包含分支和循环结构的算法不太方便，因此，除了一些简单的问题，一般不用自然语言表示算法。

【例 1-2】 计算 $1+2+3+4+5$。

用自然语言描述算法。

步骤 1：先计算 $1+2$，得到结果 3。

步骤 2：将步骤 1 得到的结果再加上 3，得到结果 6。

步骤 3：将 6 再加上 4，得 10。

步骤 4：将 10 再加上 5，得 15。

（2）流程图

流程图是用一些框图来表示各种操作，用图形表示算法，会更直观、易于理解。一些常用的流程图符号如图 1-3 所示。

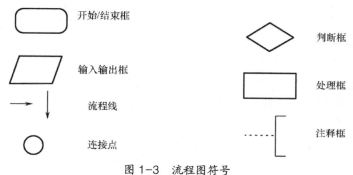

图 1-3　流程图符号

【例 1-3】 判断 x 是否为正数，画出解决该问题的流程图如图 1-4 所示。

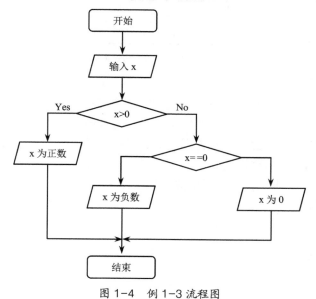

图 1-4　例 1-3 流程图

（3）N-S 结构化流程图

N-S 流程图用以下流程图符号来描述：

顺序结构用图 1-5 所示形式表示，A、B 两个框组成一个顺序结构。

选择结构用图 1-6 所示形式表示，P 表示条件，P 条件成立时执行 A 操作，否则执行 B

操作。

图 1-5　顺序结构

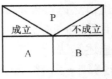

图 1-6　选择结构

循环结构用图 1-7 和图 1-8 所示的两种形式表示。图 1-7 为当型循环结构，当 P1 条件成立时反复执行 A 操作，直到 P1 条件不成立结束。图 1-8 为直到型循环结构，反复执行 A 操作，直到条件 P1 成立结束。

图 1-7　当型循环

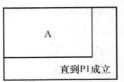

图 1-8　直到型循环

在图 1-5～图 1-8 中，A、B 可以是一个简单的操作，也可以是以上 3 种基本结构之一。

【例 1-4】　计算 5!，画出解决该问题的 N-S 流程图如图 1-9 所示。

图 1-9　例 1-4 的 N-S 流程图

（4）伪代码

伪代码是用介于自然语言和计算机语言之间的文字和符号来描述算法。一般每一行（或几行）表示一个基本操作，伪代码不使用图形符号，书写方便，格式紧凑，容易看懂，便于向计算机程序过渡。用伪代码编写的算法并无固定的、严格的语法规则，可以使用任何语言，只要意思表达清楚，便于书写和阅读即可。

【例 1-5】　计算 5!，用伪代码表示该算法如下：

```
begin
    t:=1
    i:=2
    while i≤5
    {
        t:=t*i
        i:=i+1
    }
    print t
end
```

1.3.3　算法举例

【例 1-6】　计算两个整数 x 和 y 的最大值。

（1）问题分析

如果 x≥y，则 x 是较大者；否则，y 是较大者。

（2）流程图（如图 1-10 所示）

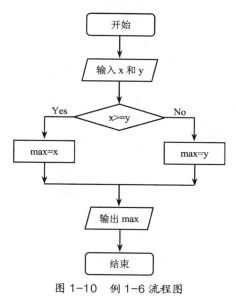

图 1-10　例 1-6 流程图

（3）代码实现（chp1_6.c）

```
#include <stdio.h>
#include <stdlib.h>
int main()
{
    int x, y;
    int max;
    printf("输入 x 和 y 的值: \n");
    scanf("%d,%d", &x, &y);
    if(x>=y)                          // 判断 x 与 y 的大小，最大值赋给 max
    {
        max=x;
    }
    else
    {
        max=y;
    }
    printf("较大的数是%d \n", max);     // 输出较大值
    return 0;
}
```

【例 1-7】　判断某一年是否为闰年，并将结果输出。

（1）问题分析

某年 x 为闰年的条件是：x 能被 4 整除并且不能被 100 整除，或者 x 能被 100 整除并且能被 400 整除。

（2）流程图（如图 1-11 所示）

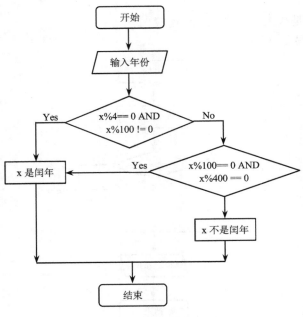

图 1-11　例 1-7 流程图

（3）代码实现（chp1_7.c）

```c
#include <stdio.h>
#include <stdlib.h>
int main()
{
    int year;                                      // 定义变量
    printf("输入年份:\n");
    scanf("%d", &year);
    // 判断是否是闰年的条件
    if((year%4==0 && year%100!=0) || (year%100==0 && year%400==0))
    {
        printf("%d 是闰年: \n", year);
    }
    else
    {
        printf("%d 不是闰年: \n", year);
    }
    return 0;
}
```

【例 1-8】　有 50 个学生，要求输出成绩在 80 分以上的学生的学号和成绩。

（1）问题分析

① 定义表示学生信息（学号和成绩）的数据类型。

② 定义长度为 50 的数组。

③ 依次取出每个学生的成绩，利用下面的循环进行处理，直到所有学生处理完为止：如果该学生成绩≥80，则输出该学生学号和成绩，然后取下一个学生的成绩

（2）流程图（如图 1-12 所示）

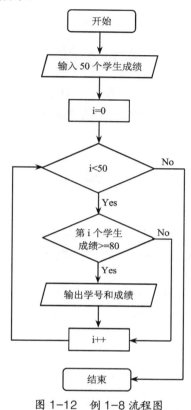

图 1-12　例 1-8 流程图

（3）代码实现（chp1_8.c）

```c
#include <stdio.h>
#include <stdlib.h>
struct student
{
    long number;
    float score;
} stu[50];
int main()
{
    int   i;                              // 定义变量
    for(i=0; i<50; i++)                   // 循环 50 次，输入 Number 学号和 score 成绩
    {
        printf("number 学号，score 成绩:\n");
        scanf("%ld,%f", &(stu[i].number), &(stu[i].score));
    }
    // for 循环判断输入的成绩是否大于等于 80
    for(i=0; i<50; i++)
```

```
        {
            if (stu[i].score>=80)
                printf("学号为%ld 的学生的成绩= %f 分\n", stu[i].number, stu[i].score);
        }
        return 0;
    }
```

本章小结

本章介绍了 C 语言的发展史及特点；介绍了 C 语言的开发环境以及运行 C 程序的步骤和方法；介绍了算法的概念及表示形式。要求读者能熟练使用 C 语言开发环境，并能编写简单的 C 程序。

习 题 1

1. 了解 C 语言的发展历史。
2. 了解 C 语言的特点。
3. 写出 C 程序开发环境 CodeBlocks 的下载、安装及使用步骤。
4. 写出运行 C 程序的步骤与方法。
5. 什么是算法？一个算法有哪些表示形式？
6. 用流程图表示求解以下问题的算法：
（1）计算 1+2+···+100。
（2）判断一个数是否为偶数。
（3）计算一元二次方程 $ax^2+bx+c=0$。
7. 编写一个 C 程序，输出以下信息：

****
Hello, My name is Niuniu!
****

8. 编写一个 C 程序，输入 a、b、c 三个值，输出其中最大者。

第2章 C语言知识在实践中的应用

❏ 了解C语言的知识架构
❏ 了解C语言的应用领域
❏ 熟悉增量式使用C语言完成综合案例的步骤和方法

2.1 案例介绍

1. 实现目标

通过对C语言的学习，读者应学会用C语言编写程序实现对LED数字显示屏的模拟。

2. LED数码管简介

本书以LED数码管的数字显示过程为例说明C语言符号的来历和使用，以及使用C语言的各种控制结构、函数等基本技能实现对LED数码管的各种操作。

为了方便读者对应用案例的理解，下面先介绍LED数码管。

LED数码管是一种常见的廉价显示设备，通常可以显示数字。LED数码管显示数字的范围为0~9。不能显示小数点的LED数码管称为7段LED数码管，能显示小数点的LED数码管称为8段LED数码管，多个7段LED数码管可以组合起来显示多位数字，8段LED数码管和7段LED数码管可以混合使用来显示小数。

7段LED数码管由7个数码管组成，如图2-1所示。8段数码管由8个数码管组成，其中数码管8代表小数点，如图2-2所示。一个7段LED数码管可以显示数字0~9，显示状态如图2-3所示。

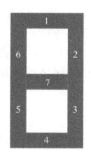

图2-1　7段LED数码管

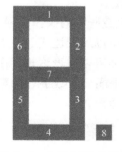

图2-2　8段LED数码管

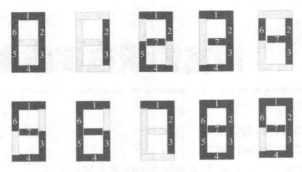

图 2-3　数字 0~9 的显示状态

3. 实现功能

为了实现 LED 数字显示屏的模拟，本书按照增量的方式提出了以下需要实现的功能，这些功能将依次在后续章节中介绍。

（1）显示单个数字 0~9。

（2）依次显示数字 0~9。

（3）无限次循环显示数字 0~9。

（4）有限次循环显示数字 0~9。

（5）根据要求，显示任意数字 0~9。

（6）如果需要对整个显示过程录像，应依次记录下所有显示的数字。

（7）显示多位数或者多位小数。

2.2　案例分析

2.2.1　显示单个数字

1. 用 7 段 LED 数码管显示数字 0 的步骤

如果显示数字 0，需要实现以下步骤：① 熄灭数码管 1~7；② 点亮管 1；③ 点亮管 2；④ 点亮管 3；⑤ 点亮管 4；⑥ 点亮管 5；⑦ 点亮管 6。

上面用自然语言描述了显示数字 0 的步骤，在 C 语言中需要定义符号表达式代替冗长的文字描述，这将用到第 3 章的知识点和技能。例如，数码管 1~7 分别用 led_1、led_2、led_3、led_4、led_5、led_6、led_7 表示；数码管熄灭状态用 0 表示；数码管点亮状态用 1 表示。用 "= 0" 表示熄灭数码管的操作；用 "= 1" 表示点亮数码管的操作。

熄灭数码管 1 可以用表达式 led_1 = 0 来表示；点亮数码管 1 可以用表达式 led_1 = 1 来表示；熄灭数码管 2 可以用表达式 led_2 = 0 来表示；点亮数码管 2 可以用表达式 led_2 = 1 来表示……所以，上面显示数字 0 的整个过程用表达式表示如下。

（1）熄灭所有数码管

```
led_1 = 0;
led_2 = 0;
led_3 = 0;
led_4 = 0;
```

```
led_5 = 0;
led_6 = 0;
led_7 = 0;
```
（2）点亮数码管 1～6

```
led_1 = 1;
led_2 = 1;
led_3 = 1;
led_4 = 1;
led_5 = 1;
led_6 = 1;
```

2．数码管 LED 与数码管 1～7 的关系

数码管是一个名词，代表了所有物理上存在的数码管，是一个抽象的概念。如果我们需要使用数码管，可以使用"这个数码管"或者"那个数码管"。总之，我们使用的是摸得到、看得见的一个个的物体。所以，数码管是一类物体的抽象概念，"这个数码管"或"那个数码管"代表了一个个实体。例如，led_1 代表了"数码管"中一个名叫 1 的实体，led_2 代表了"数码管"中一个名叫 2 的实体。

如果用符号 LED 表示数码管，就可以表示如下：

```
LED   led_1;           表示 led_1 与"数码管"的关系
LED   led_2;           表示 led_2 与"数码管"的关系
……
LED   led_7;           表示 led_7 与"数码管"的关系
```

我们可以称 led_7 是 LED 的一个实例，符号表达式"LED   led_7;"声明（说明）了一个名为 led_7 的 LED 的存在。

3．用符号表达 7 段 LED 数码管显示数字 0 的全过程

（1）声明数码管的存在

```
LED   led_1;
LED   led_2;
LED   led_3;
LED   led_4;
LED   led_5;
LED   led_6;
LED   led_7;
```
（2）熄灭所有数码管

```
led_1 = 0;
led_2 = 0;
led_3 = 0;
led_4 = 0;
led_5 = 0;
led_6 = 0;
led_7 = 0;
```
（3）点亮数码管 1～6

```
led_1 = 1;
led_2 = 1;
led_3 = 1;
```

```
led_4 = 1;
led_5 = 1;
led_6 = 1;
```

2.2.2　依次显示数字

1．用7段 LED 数码管依次显示数字 0~9 的步骤

显示数字 0~9，需要实现以下步骤。

（1）点亮数字 0：实现步骤见 2.2.1 节。

（2）点亮数字 1：分析需要点亮哪几个数码管？

……

（10）点亮数字 9：分析需要点亮哪几个数码管？

其中，数字 1~9 的显示过程和方法与 2.2.1 节介绍的数字 0 的显示过程一样。

2．用符号表达7段 LED 数码管显示数字 1 的全过程

以显示数字 1 为例，用符号表达 7 段 LED 数码管显示 1 的全过程如下。

（1）声明数码管的存在

```
LED led_1;
LED led_2;
LED led_3;
LED led_4;
LED led_5;
LED led_6;
LED led_7;
```

（2）熄灭所有数码管

```
led_1 = 0;
led_2 = 0;
led_3 = 0;
led_4 = 0;
led_5 = 0;
led_6 = 0;
led_7 = 0;
```

（3）点亮数码管 2~3

```
led_2 = 1;
led_3 = 1;
```

上面的每个步骤以及每个步骤内部都是按顺序执行的，这就是在第 3~6 章中介绍的顺序结构程序设计。

3．用 C 语言解析数码管显示数字的符号表达式

在数码管 i 的存在声明 "LED　　led_i;" 中，"数码管" 代表一类物体，是名词，物体数码管 i，可以被熄灭和点亮。对应用 C 语言实现时，使用 C 语言变量声明方式 "int　led_i;"，int 为 C 语言中的整型数据类型，代表所有整型数字，led_i 为整型变量标识符，可以被赋值为整型数字，如 "led_i = 0;" 表示数码管 led_i 熄灭状态。

C 语言中用标识符表示概念或者实体的符号组合，关于标识符的命名规则将在第 3 章中进

行讲解。

4. 依次显示数字 0~9 可采用的方法

可使用循环（见第 6 章）实现对数字 0~9 的依次显示；使用函数（见第 7 章）将显示每个数字的过程进行封装，通过函数调用一次性显示数字 0~9。

2.2.3 无限次或有限次循环显示数字 0~9

实现对 0~9 的循环显示过程如图 2-4 所示。在循环显示数字 0~9 时可以使用第 6 章中的循环控制语句，采用某种循环语句 for、while、do-while 之一来实现。何时循环才能结束，可使用跳转语句终止循环。例如，循环 100 次显示数字 0~9 可使用循环控制语句（见第 6 章），通过循环次数来控制数字 0~9 的显示。

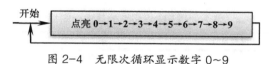

图 2-4　无限次循环显示数字 0~9

2.2.4 循环显示任意一位指定数字

操作步骤如下：

（1）任意给出数字 0~9 之一。

（2）如果给出的数字是 0，则显示 0。

（3）如果给出的数字是 1，则显示 1。

......

（11）如果给出的数字是 9，则显示 9。

（12）如果给出的数字是 0~9 之外的数据，则提示错误并结束显示。

（13）继续给出数字 0~9 之一。

（14）继续判断并显示。

在第 3 章中可以使用打印输出实现"显示：数字 0~9 中的某一个指定数字"的操作；在第 5 章中可以实现"根据用户的不同选择，显示任意指定数字"；在第 6 章中可以实现"根据用户的不同选择，多次显示任意指定数字"的操作。

2.2.5 保存显示过的所有数字

保存显示过的所有数字，就是依次记录下每次显示的数据，可以作为显示日志（记录）。在第 8 章中，可以实现保存该显示日志，只不过保存的内容暂时存于计算机内存中，程序退出后该日志就丢失了；在第 12 章中，可以实现对该显示日志的永久保存，因为文件可以保存到计算机磁盘中。

2.2.6 显示多位整数或小数

多位整数或者小数的显示涉及多个 LED 显示屏的组合使用。例如，图 2-5 为数字 1234 的 LED 显示结果，图 2-6 为数字 12.34 的显示结果。以 4 位整数和小数为例，利用结构体

（见第 11 章）可以比较容易地写出其 C 语言实现，也可以通过指针（见第 9 章）处理链表，来实现用户指定的任意位数的整数或者小数。

图 2-5　数字 1234　　　　　　　　　　　　　图 2-6　数字 12.34

2.3　增量划分和进度安排

LED 数字显示屏的实现按照增量式、根据 C 语言知识点的进度来划分，具体的划分方法及进度安排见表 2-1。

表 2-1　LED 增量划分及进度安排

增　量	增量目标	章　节	主要知识点
增量 1	LED 数码管的定义	第 3 章	标识符的定义、命名规则、数据类型
增量 2	LED 数码管的初始化；显示数字 0	第 3 章	变量的初始化、输入输出函数
增量 3	依次显示数字 0~9	第 4 章	运算符的使用、程序的顺序结构
增量 4	根据选择显示任意数字 0~9	第 5 章	选择结构程序设计
增量 5	无限次循环显示数字 0~9；有限次循环显示数字 0~9	第 6 章	循环结构程序设计
增量 6	将显示数字的实现过程用函数进行封装	第 7 章	函数的定义与调用
增量 7	将打印数字保存至数组	第 8 章	数组的定义和使用
增量 8	数字显示的指针操作	第 9 章	指针
增量 9	显示多位整数或多位小数	第 10 章	字符串
		第 11 章	结构体、共用体和枚举
增量 10	数字的永久保存与读取	第 12 章	文件

2.4　LED 数码管接口文件

1．PrintLED.h 文件

PrintLED.h 文件为 LED 显示文件，在后续的增量开发中只需在使用 LED 显示函数的代码最上端添加 "#include "PrintLED.h"" 即可。

【PrintLED.h】

```
#ifndef PRINTLED_H_INCLUDED
#define PRINTLED_H_INCLUDED
int PrintLED(int Led_1, int Led_2, int Led_3, int Led_4, int Led_5, int Led_6, int Led_7);
#endif                                    /* PRINTLED_H_INCLUDED */
```

2．PrintLED.c 文件

PrintLED.c 文件是 PrintLED.h 的具体实现，此文件只需添加进项目参与编译，不要把该文件 include 到代码中。

【PrintLED.c】

```
#include <stdio.h>
int PrintLED(int Led_1, int Led_2, int Led_3, int Led_4, int Led_5, int Led_6, int Led_7)
```

```c
{
    /* 声明变量 */
    const char Bright = 'X';                    /* 亮 X */
    const char Dark = ' ';                      /* 暗  space */
    const char Empty = ' ';                     /* 空白处 spcace */
    /* 检查输入参数是否不为 0 或者 1 */
    /* 取值不能大于 1 */
    if ( Led_1 > 1 || Led_2 > 1 || Led_3 > 1 || Led_4 > 1 || Led_5 > 1 || Led_6 > 1 || Led_7 > 1 )
    {
        printf("\nPrintLED 输入参数取值不正确\n");
        return 1;
    }
    /* 取值不能小于 0 */
    if (Led_1 < 0 || Led_2 < 0 || Led_3 < 0 || Led_4 < 0 || Led_5 < 0 || Led_6 < 0 || Led_7 < 0)
    {
        printf("\nPrintLED 输入参数取值不正确\n");
        return 1;
    }
    /* 显示 */
    printf("\n");
    if (1 == Led_1)
    {
        printf("%c%c%c%c%c\n", Empty, Bright, Bright, Bright, Empty);
    }
    if ( 0 == Led_1)
    {
        printf("%c%c%c%c%c\n", Empty, Dark, Dark, Dark, Empty);
    }
    printf("%c%c%c%c%c\n", (1==Led_6 ? Bright : Dark), Empty, Empty,
                            Empty, (1==Led_2 ? Bright : Dark));
    printf("%c%c%c%c%c\n", ( 1==Led_6 ? Bright : Dark), Empty,
                            Empty, Empty, (1==Led_2 ? Bright : Dark));
    if (1 == Led_7)
    {
        printf("%c%c%c%c%c\n", Empty, Bright, Bright, Bright, Empty);
    }
    if (0 == Led_7)
    {
        printf("%c%c%c%c%c\n", Empty, Dark, Dark, Dark, Empty);
    }
    printf("%c%c%c%c%c\n", ( 1==Led_5 ? Bright : Dark), Empty,
                            Empty, Empty, (1==Led_3 ? Bright : Dark));
    printf("%c%c%c%c%c\n", ( 1==Led_5 ? Bright : Dark), Empty,
                            Empty, Empty, (1==Led_3 ? Bright : Dark));
    if (1 == Led_4)
    {
        printf("%c%c%c%c%c\n", Empty, Bright, Bright, Bright, Empty);
    }
}
```

```
    if (0 == Led_4)
    {
        printf("%c%c%c%c%c\n", Empty, Dark, Dark, Dark, Empty);
    }
    printf("\n");
    return 0;
}
```

3．使用方法

（1）将 PrintLED.h、PrintLED.c 两个文件添加进项目。

（2）在需要使用 LED 显示函数的代码最上端增加"#include "PrintLED.h""。

（3）在任意一个函数中使用类似如下方式调用显示 LED 的函数：

```
PrintLED ( 1, 1, 0, 1, 1, 0, 1);                              // 显示数字 2
PrintLED ( 0, 1, 1, 0, 0, 1, 1);                              // 显示数字 4
PrintLED ( 1, 0, 1, 1, 0, 1, 1);                              // 显示数字 5
PrintLED ( 1, 1, 1, 1, 1, 1, 1);                              // 显示数字 8
PrintLED ( 1, 1, 1, 1, 1, 1, 0);                              // 显示数字 0
```

本章小结

本章通过 LED 数字显示屏，论述了具体应用与 C 语言知识点的对应关系，并采用综合案例按照增量划分的方法，将各增量的实现对应到不同的章节。通过本章的学习，读者能从整体上把握 C 语言的知识结构，以及与应用之间的联系。

习 题 2

1．了解 C 语言的知识架构。

2．使用 CodeBlocks 运行 PrintLED 程序，观察并分析运行结果。

第3章　基本数据类型

- ☒ 掌握常量与变量
- ☒ 掌握整型常量与整型变量
- ☒ 掌握浮点型常量与浮点型变量
- ☒ 掌握字符常量和字符变量
- ☒ 掌握输入、输出函数

本章介绍程序中的最基本成分，学习如何用基本类型变量处理数据。数据在程序中的主要表现形式为常量和变量。基本数据类型包括整型、浮点型和字符型。

3.1　基本技能

本节详细介绍基本数据类型的声明、变量赋值、变量值的输入、输出等知识点和程序示例。

3.1.1　C 语言的数据类型

C 语言的数据类型有基本数据类型、构造数据类型、指针类型、空类型和用户自定义类型等，图 3-1 为 C 语言所支持的数据类型。

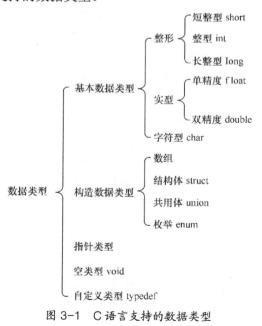

图 3-1　C 语言支持的数据类型

（1）基本数据类型

基本数据类型是数据类型的基础，其值不可以再分解为其他类型，由基本数据类型可以构造出其他复杂的数据类型。

C 语言的基本数据类型包括：整型、浮点型和字符型。ISO C 标准定义了 5 种基本数据类型：字符型、整型、浮点型、双精度浮点型和空类型，分别用关键字 char、int、float、double 和 void 来声明。void 也可以单独作为一种数据类型。

除了 void 类型，其他基本类型之前都可以加修饰符，以便更准确适应各种情况的需要。ISO C 定义的修饰符有无符号（unsigned）、有符号（signed）、长型（long）和短型（short）。这些修饰符与基本数据类型的声明关键字组合，可以表示不同的取值范围以及数据所占存储空间大小。表 3-1 列出了 ISO C 语言支持的全部数据类型、字长和取值范围。

表 3-1　ISO C 标准定义的基本数据类型

类　型	符　号	关键字	所占位数	表示范围
整型	有	(signed) int	32	−2147483648～2147483648
		(signed) short	16	−32768～32767
		(signed) long	32	−2147483648～2147483648
	无	unsigned int	32	0～4294967295
		unsigned short	16	0～65535
		unsigned long	32	0～4294967295
实型	有	float	32	3.4e−38～3.4e38
	有	double	64	1.7e−308～1.7e308
字符型	有	char	8	−128～127
	无	unsigned char	8	0～255

（2）构造数据类型

构造数据类型由基本数据类型组成，一个构造数据类型数据的值可以分解成若干个元素的值，每个元素可以是一个基本数据类型或者是一个构造数据类型。

C 语言的构造数据类型包括：数组、结构体、共用体和枚举。

（3）指针类型

指针是一种特殊的数据类型，用来表示变量在内存的地址。

（4）空类型

空类型主要用来作为函数的返回值。

（5）用户自定义类型

C 语言允许用户使用关键字 typedef 对已存在的类型名定义新的名字，已存在的类型名可以为基本类型，也可以为构造类型。使用 typedef 定义新类型名，可以使程序更具可读性和可移植性。

3.1.2　标识符

在 C 语言中，用来对变量、符号常量名、函数、数组名、类型等命名的有效字符序列统称为标识符。C 语言规定，标识符只能由字母、数字、下画线组成，且第一个字母必须是字母或下画线。不能使用关键字来定义标识符，C 语言关键字可查看附录 B。

C 语言编译系统对大小写敏感，将大写字母和小写字母认为是两个不同字符，一般变量名用小写。例如，sum、Sum、day、Date、student_name、lotus_1_2_3、_above 为合法的标识符，且 Sum 和 sum 是不同的变量名；char、a>b、$123、M.D.John、3days、#33 是不合法的标识符。

3.1.3 常量

在程序运行过程中，值不能改变的量称为常量。例如，89、-5678、3.14159 是常量。常用的常量包含以下几类。

1．整型常量

如 98、125、0、-4321 等都是整型常量。整型常量通常用十进制数、八进制数或十六进制数表示。十进制常量是最常用的表示形式，如 125；八进制常量以数字 0 开头，并由 0～7 共 8 个数字组成，如 0125 相当于十进制数 85；十六进制数常量以数字 0x 或 0X 开头，并由 0～9 及 a～f（或 A～F）组成，如 0x125 相当于十进制数 293。

2．浮点型常量

在 C 语言中，浮点型常量只采用十进制数。浮点型常量有如下两种表示形式。

（1）十进制小数形式

在一个带小数点的数字后面尾加上字符 f 或 F，则表示该数字是一个 float（单精度）型常量，float 型常量的有效数字为 6～7 位。如果小数点数字后不尾加字符 f 或 F，则表示该数字是一个 double（双精度）型常量，double 型常量的有效数字为 15～16 位。例如：

❖ 3.141590001f 为单精度常量，加下画线部分为有效数字位。

❖ 3.14159265358979320000l 为双精度常量，加下画线部分为有效数字位。

（2）指数形式（科学计数法）

指数形式是指用指数表示形式来表示浮点型常量，用 e 或 E 表示以 10 为底的指数。例如，0.0314e2 表示 0.0314×10^2，3.1415e-4 表示 3.1415×10^{-4}。

在指数表示法中，e 或 E 之前必须有数字且 e 或 E 后面必须为整数。例如，E2（缺少小数部分）、2.6e2.5（指数部分需为整数）都是不正确的指数表示法。

3．字符型常量

字符型常量有如下两种表示形式。

（1）普通字符

C 语言使用 ISO 公布的 ASCII 表中的字符作为字符常量，也称为 char 型常量。C 语言中的 char 型常量是用单引号括起的 ASCII 表中的一个字符。例如，'a'、'A'、'#'、'7' 都是 char 型常量。

标准的 ASCII 表共有 128 个字符（扩展的 ASCII 表有 256 个字符），位置索引从 0 开始，最后一个字符的位置是 127。索引第 0 个位置上的字符是一个空字符，用 '\0' 表示。字符的索引位置称为字符的 ASCII 值。ASCII 字符对照表可查看附录 A。

（2）转义字符

除了以上形式的字符常量，C 语言还允许使用一些特殊形式的字符常量，即用字符 "\" 开头的字符序列。例如，'\n' 表示换行字符，'\'' 表示单引号。常用的转义字符及作用见表 3-2。

表 3-2　常见转义字符

转义字符	含　义	转义字符	含　义	转义字符	含　义
\n	换行	\t	水平制表	\'	单引号
\v	垂直制表	\b	退格	\"	双引号
\r	回车	\f	换页	\ddd	3 位八进制数代表的字符
\a	响铃	\\	反斜线	\xhh	2 位十六进制数代表的字符

【例 3-1】　转义字符的应用（chp3_1.c）。

```
#include <stdio.h>
int main(){
    printf("输出转义字符: \n\t Hello!\n");
    return 0;
}
```

程序输出结果见图 3-2。

图 3-2　转义字符输出

4．字符串常量

C 语言中，用双引号把若干字符括起来，表示字符串常量，如"hello"、"student"。

（1）符号常量

当程序中多次使用某些常量时，为增加程序的可读性和方便操作，通常用一个标识符来表示他们。C 语言中，用#define 指令定义符号常量。例如，"#define　PI　3.1415926"表示用符名号 PI 代表 3.1415926，PI 就称为符号常量。

【例 3-2】　符号常量应用（chp3_2.c）。

```
#include <stdio.h>
#include <stdlib.h>
#define   PI   3.1415926              // 符号常量
int main()
{
    int x;
    float y,sum;
    char ch1,ch2;
    x = 10;                           // 整型常量 10
    y = 123.45678;                    // 单精度常量
    ch1 = 'A';                        // 符号常量
    ch2 = '\n';                       // 转义字符
    sum = PI*x*x;                     // 符号常量的使用
    printf("x = %d, y = %f, ch1 = %c, ch2 = %c, sum = %f\n", x, y, ch1, ch2, sum);
    return 0;
}
```

程序输出结果见图 3-3。

```
x = 10, y = 123.456779, ch1 = A, ch2 =
, sum = 314.159271
```

图 3-3　符号常量的使用

3.1.4 变量

程序中的一个变量将与计算机中的一块内存区域相对应，也就是说，操作系统在执行程序时会在内存中为变量分配一定数量的字节，分配的字节数量取决于变量的类型。

变量必须先定义、后使用，在定义时指定变量的名字和类型。在对程序进行编译时，由编译系统给每个变量名分配对应的内存地址。从变量中取值，实际上是通过变量名找到相应的内存地址，从该存储单元中读取数据。所以，变量具有 4 个属性：变量名、变量的数据类型、变量值和变量的地址。

1. 定义变量

C 语言定义变量的一般形式为：

数据类型　变量名列表；

其中：数据类型可以是 C 语言中的任何数据类型；变量名列表可以是一个或多个标识符，如果多个，则要用逗号间隔。变量名应遵循标识符的命名规则。例如：

```
int    a, b;              // 定义整型变量 a 和 b
char   ch1;              // 定义字符型变量 ch1
float  f1, f2;           // 定义单精度浮点型变量 f1 和 f2
```

（1）整型变量

当程序需要处理整型数据时，可以使用 short、int 和 long 声明整型变量。在定义整型变量时，要根据变量的取值范围定义类型，防止发生溢出。例如：

```
int    a, b;             // 指定变量 a、b 为整型
unsigned   short c, d;   // 指定变量 c、d 为无符号短整型
long   e, f;             // 指定变量 e、f 为长整型
```

【例 3-3】 整型变量的定义及使用（chp3_3.c）。

```
#include <stdio.h>
#include <stdlib.h>
int main()
{
    int   a, b, c, d;          // 定义 a、b、c、d 为整型变量
    short   e;                 // 定义 e 为短整型变量
    unsigned   u;              // 定义 u 为无符号整型
    a = 12;
    b = -24;
    u = 10;
    e = 65535;
    c = a + u;
    d = b + u;
    printf("a + u = %d, b + u = %d, e = %d\n", c, d, e);
    return 0;
}
```

程序输出结果见图 3-4。

```
a + u = 22, b + u = -14, e = -1
```

图 3-4　整型变量

分析：a、b、c 和 d 为整型变量，e 为有符号短整型变量，因为 e 的取值 65535 超过有

符号短整型变量的取值范围，所以输出 e 的值发生了溢出现象。

（2）浮点型变量

当程序需要处理带有小数点的数据时，可以使用 float、double 和 long double 声明浮点型变量。使用浮点型变量时，注意数据的有效位数，也就是误差。

float 型变量保存带小数点的数字时，保证 6~7 位有效数字。double 型变量在保存带小数点的数字时，能保证 15~16 位有效数字。

【例 3-4】 浮点型变量的定义及使用（chp3_4.c）。

```c
#include <stdio.h>
#include <stdlib.h>
int main()
{
    float   a, b;
    a = 123456.789e5;
    b = a + 20;
    printf("%f\n",b);
    return 0;
}
```

程序输出结果见图 3-5。

```
12345678848.000000
```

图 3-5　浮点型变量

一个浮点型变量只能保证的有效数字是 7 位，后面的数字是无意义的，并不准确地表示该数。应当避免将一个很大的数和一个很小的数直接相加或相减，否则会"丢失"小的数。

（3）字符型变量

字符型变量的数据类型标识符为 char，字符型变量用来存放字符常量，即单个字符。每个字符型变量分配 1 字节的存储空间，在内存单元中实际存放的是字符的 ASCII 值。例如：

```c
ch1 = 'A';                    // ch1 所在内存中存放的是 01000001（十进制数 65）
ch2 = 'a';                    // ch2 所在内存中存放的是 01100001（十进制数 97）
```

字符型数据在内存中的存储形式与整型数据的存储形式类似，在 C 语言中字符型数据和整型数据之间可以通用。由于字符型数据所占内存为 1 字节，所以当整型数据与字符型数据互相转换时，只是低字节（8 位）参与运算。

【例 3-5】 字符型变量应用（chp3_5.c）。

```c
#include <stdio.h>
#include <stdlib.h>
int main()
{
    char   ch1, ch2;
    ch1 = 97;
    ch2 = 98;
    printf("%c, %c\n", ch1, h2);
    printf("%d, %d\n", ch1,c h2);
    return 0;
}
```

程序输出结果见图 3-6。

图 3-6　字符型变量 1

例 3-5 中将整数 97 和 98 分别赋给 ch1 和 ch2，其作用相当于以下两个赋值语句：

```
ch1 = 'a';   ch2 = 'b';
```

因为'a'和'b'的 ASCII 值为 97 和 98。

【例 3-6】　字符型变量应用（chp3_6.c）。

```c
#include <stdio.h>
#include <stdlib.h>
int main()
{
    char   ch1, ch2;
    ch1 = 'a';
    ch2 = 'b';
    ch1 = ch1 -32;
    ch2 = ch2 -32;
    printf("%c, %c\n", ch1, ch2);
    printf("%d, %d\n", ch1, ch2);
    return 0;
}
```

程序输出结果见图 3-7。

图 3-7　字符型变量 2

例 3-6 的作用是将两个小写字母 a 和 b 转换成大写字母 A 和 B。从 ASCII 表中可以看到，每个小写字母比它相应的大写字母的 ASCII 值大 32。C 语言允许字符数据与整数直接进行算术运算。

2. 初始化变量

变量初始化是指在定义变量的同时或定义之后进行赋初值，有以下几种方式。

（1）C 语言允许在定义变量的同时使变量初始化

例如：

```
int   a = 3;              // 定义 a 为整型变量，初值为 3
float   f = 3.56;          // 定义 f 为浮点型变量，初值为 3.56
char   ch ='a';           // 定义 ch 为字符变量，初值为'a'
```

（2）C 语言允许对被定义的变量的一部分赋初值

例如：

```
int   a, b, c = 5;        // 定义 a、b、c 为整型变量，但只对 c 初始化，c 的初值为 5
```

（3）对几个变量赋以同一个初值

例如：

```
int   a=3, b=3, c=3;      // 表示 a、b、c 的初值都是 3
```

不能写成：

```
int a = b = c = 3;
```

【例 3-7】　变量的初始化（chp3_7.c）。

```
#include <stdio.h>
#include <stdlib.h>
int main()
{
    char   ch1, ch2;
    int    num1 = 5, num2 = 6;
    float   f1, f2 = 2.345;
    ch1 = 'a';
    ch2 = 'b';
    f1 = 1.2345;
    printf("%c,%c\n", ch1, ch2);
    printf("%d,%d\n", num1,num2);
    printf("%f,%f\n", f1, f2);
    return 0;
}
```

程序输出结果见图 3-8。

图 3-8　变量初始化

3.1.5　数据的输入、输出

输入、输出是一个 C 语言程序必不可少的操作。C 语言没有提供输入和输出操作，所有数据的输入和输出操作都通过调用 I/O 系统的标准库函数来实现，I/O 函数的头文件是 stdio.h。

在引用 C 语言的标准输入/输出库函数时，需要先用文件包含预处理命令#include 将标准输入/输出头文件 stdio.h 包含进来，即在程序头部加入预处理命令：

　　#include <stdio.h>

1. 格式化输出函数 printf()

printf()函数称为格式化输出函数，其功能是按照格式控制字符串规定的格式，向指定的输出设备输出在输出列表中列出的输出项。printf()函数的格式如下：

　　printf(格式控制, 输出列表);

其中：格式控制部分可以包含"%+ 格式字符"和"普通字符或转义序列"；格式字符用于规定对应输出项的输出格式，普通字符或转义字符原样输出。输出列表部分列出要输出的数据，可以没有，为多个时以","分隔。

（1）printf()函数常用的格式字符

printf()函数常用的格式字符见表 3-3。

表 3-3　printf 格式字符

格式字符	含　义	格式字符	含　义	格式字符	含　义
d, i	十进制整数	c	单一字符	f	小数形式浮点数
X, x	十六进制无符号整数	s	字符串	g	e 和 f 中较短的一种
o	八进制无符号整数	E, e	指数形式浮点数	%	百分号本身
u	不带符号十进制整数		—		—

格式字符要用小写，格式字符与输出项个数应相同，按先后顺序一一对应，当格式字符与输出项类型不一致时，自动按指定格式输出。

【例 3-8】 格式化输出函数（chp3_8.c）。

```c
#include <stdio.h>
#include <stdlib.h>
int main()
{
    int    a=56;
    int    b=255;
    int    c=65;
    int    d=56;
    char   ch=66;
    float  f1=123.456;
    float  f2=123.456;
    float  f3=123.456;
    printf("%d\n", a);
    printf("%x\n", b);
    printf("%o\n", c);
    printf("%u\n", d);
    printf("%c\n", ch);
    printf("%s\n", "hello");
    printf("%e\n", f1);
    printf("%f\n", f2);
    printf("%g\n", f3);
    printf("%%");
    return 0;
}
```

程序输出见图 3-9。

图 3-9 格式输出

（2）附加格式修饰符

在上面的格式说明中，除了必需的格式字符外，还可以根据实际情况使用修饰符，常用的修饰符见表 3-4。

【例 3-9】 格式修饰符的使用（chp3_9.c）。

```c
#include <stdio.h>
#include <stdlib.h>
int main()
{
    int    a=123;
```

表 3-4　附加格式修饰符

修饰符	功　　能
m	输出数据域宽，数据长度小于 m 时左补空格，否则按实际输出
.n	如果是实数，则指定小数点后 n 位数（四舍五入）；如果是字符串，则指定实际输出位数
-	输出数据在域内左对齐（默认右对齐）
+	指定在有符号的正数前显示 "+"
#	在八进制数和十六进制数前显示前缀 0 或 0x
l	在 d、o、x、u 前，指定输出精度为 long 型；在 e、f、g 前，指定输出精度为 double 型

```
float   f=123.456;
char   ch='A';
printf("%o,%#o,%X,%#X\n",a,a,a,a);
printf("%8d,%2d,%-8d\n",a,a,a);
printf("%f,%8f,%8.1f,%.2f,%.2e\n",f,f,f,f,f);
printf("%3c\n",ch);
return 0;
}
```

程序输出见图 3-10 所示。

```
173,0173,7B,0X7B
     123,123,123
123.456001,123.456001,    123.5,123.46,1.23e+002
 A
```

图 3-10　格式修饰符

2. 格式化输入函数 scanf()

scanf()函数称为格式化输入函数，其功能是按照格式控制符字符串规定的格式，从指定的输入设备上读入数据到指定的变量之中。scanf()函数的一般格式如下：

scanf(格式控制，地址列表);

其中：格式控制部分与格式化输出函数 printf()一样；地址列表是由若干地址组成的列表，可以是变量的地址，或字符串的首地址，如&a 表示变量 a 的地址。

【例 3-10】 格式化输入（chp3_10.c）。

```
#include <stdio.h>
#include <stdlib.h>
int main()
{
    int a,b,c;
    scanf("%d%d%d",&a,&b,&c);
    printf("%d,%d,%d\n",a,b,c);
    return 0;
}
```

程序输出见图 3-11。

```
123
456
789
123,456,789
```

图 3-11　格式化输入

使用 scanf()函数时应注意以下问题：

① scanf()函数中的"格式控制"后面应当是变量地址，而不应是变量名。

② 如果在"格式控制"字符串中除格式说明外还有其他字符，则在输入数据时在对应位置应输入与这些字符相同的字符。

③ 在用"%c"格式输入字符时，空格字符和转义字符都作为有效字符输入。

④ 在输入数据时，遇以下情况时认为该数据结束：遇空格，或按 Enter 或 Tab 键；按指定的宽度结束，如%3d 只取 3 列；遇非法输入。

【例 3-11】 格式化输入（chp3_11.c）。

```c
#include <stdio.h>
#include <stdlib.h>
int main()
{
    int x;
    char ch;
    int a, b, c;
    scanf("%d", &x);
    scanf("%c", &ch);
    printf("x=%d, ch=%d\n", x, ch);
    scanf("%d:%d:%d", &a, &b, &c);
    printf("a=%d, b=%d,c=%d\n", a, b, c);
    scanf("%d%o%x", &a, &b, &c);
    printf("a=%d, b=%d, c=%d\n", a, b, c);
    return 0;
}
```

程序输出见图 3-12。

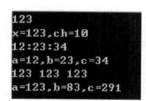

```
123
x=123,ch=10
12:23:34
a=12,b=23,c=34
123 123 123
a=123,b=83,c=291
```

图 3-12　格式化输入

3．字符输出函数 putchar()

如果需要输出一个字符，可以使用 putchar()函数。putchar()函数的一般格式如下：

```c
putchar(c);
```

其中，c 是需要输出的字符，可以是字符型变量或整型变量，也可以是字符型常量。

【例 3-12】 字符输出（chp3_12.c）。

```c
#include <stdio.h>
#include <stdlib.h>
int main()
{
    char   a, b, c;
    a='N';
    b='I';
    c='U';
```

```
        putchar(a);
        putchar(b);
        putchar(c);
        putchar('\n');
        putchar(a);
        putchar('\n');
        putchar(b);
        putchar('\n');
        putchar(c);
        putchar('\n');
        return 0;
    }
```

程序输出见图 3-13。

图 3-13　字符输出

4．字符输入函数 getchar()

如果需要从键盘为一个 char 类型变量输入字符，可以使用 getchar()函数。getchar()函数的一般形式为：

getchar();

getchar()函数只能接收单个字符，当输入多于一个字符时，只接收第一个字符。通常使用 getchar()函数将输入的字符赋值给一个字符变量。

【例 3-13】　字符输入（chp3_13.c）。

```
#include <stdio.h>
#include <stdlib.h>
int main()
{
    char ch;
    printf("请输入一个大写字母: \n");
    ch=getchar();
    ch=ch+32;
    putchar(ch);
    putchar('\n');
    return 0;
}
```

程序输出见图 3-14。

图 3-14　字符输入

3.2 增量式项目驱动

使用本章知识和技能，参照第 2 章 LED 数码管项目的增量式开发过程，实现对 LED 数码管的定义和初始化操作。

1. LED 数码管的定义

根据 2.2 节介绍的 LED 数码管，使用 7 个变量定义 7 段 LED 数码管，同时用整数 1 表示数码管点亮，用整数 0 表示数码管熄灭。所以，数码管 1~7 的定义可以表示为：

```
int led_1;
int led_2;
int led_3;
int led_4;
int led_5;
int led_6;
int led_7;
```

因为用整数 1 表示数码管点亮，用整数 0 表示数码管熄灭，所以使用整型数据类型来定义数码管 1 至数码管 7。

〖增量 1〗 LED 数码管的定义（LED3_1.c）。

```
#include <stdio.h>
#include <stdlib.h>
int main()                    /* 按照 ISO C 标准 main 函数返回值类型为 int */
{                             /* 定义 LED 的 8 段。按照 ISO C 标准在函数开头位置定义变量 */
    int Led_1;
    int Led_2;
    int Led_3;
    int Led_4;
    int Led_5;
    int Led_6;
    int Led_7;
    return 0;                 /* 按照 ISO C 标准 main()函数要返回 0 */
}
```

2. LED 数码管的初始化

由 2.2 节的分析得到，用 7 段 LED 数码管显示数字 0 的步骤如下：① 熄灭所有数码管 1~7；② 点亮管 1；③ 点亮管 2；④ 点亮管 3；⑤ 点亮管 4；⑥ 点亮管 5；⑦ 点亮管 6。所以，使用的变量初始化操作如下：

```
（1） led_1=0;
      led_2=0;
      led_3=0;
      led_4=0;
      led_5=0;
      led_6=0;
      led_7=0;
（2） led_1=1;
（3） led_2=1;
（4） led_3=1;
```

（5）　led_4=1;
（6）　led_5=1;
（7）　led_6=1;

综合以上分析和操作步骤，7 段 LED 数码管的定义及初始化操作程序代码可参考"增量 2"，其中"增量 2-1"和"增量 2-2"分别演示了 LED 数码管的初始化，"增量 2-3"演示了 LED 数码管显示数字 8 并将其输出的过程。

〖增量 2-1〗　LED 数码管的初始化。

```c
#include <stdio.h>
#include <stdlib.h>
int main()
{   /* 定义 LED 的 8 段 */
    int Led_1;
    int Led_2;
    int Led_3;
    int Led_4;
    int Led_5;
    int Led_6;
    int Led_7;
    /* 设置为 8（全部点亮）*/
    Led_1 = 1;
    Led_2 = 1;
    Led_3 = 1;
    Led_4 = 1;
    Led_5 = 1;
    Led_6 = 1;
    Led_7 = 1;
    return 0;
}
```

〖增量 2-2〗　LED 数码管初始化（字符常量的使用）。

```c
/* 定义 LED 宏 */
/* 任何声明和定义总是在使用之前 */
#define    LED   int
int main()
{   /* 定义 LED 的 8 段 */
    LED Led_1;
    LED Led_2;
    LED Led_3;
    LED Led_4;
    LED Led_5;
    LED Led_6;
    LED Led_7;
    /* 设置为 8（全部点亮）*/
    Led_1 = 1;
    Led_2 = 1;
    Led_3 = 1;
    Led_4 = 1;
    Led_5 = 1;
```

```
        Led_6 = 1;
        Led_7 = 1;
        return 0;
    }
```

〖增量 2-3〗 LED 数码管的输出，图 3-15 为输出结果。

```
/* 包含显示 LED 用的 PrintLED 所在库文件 */
/* 在文件最上包含需要使用的所有库的头文件 */
#include "PrintLED.h"
#define  LED  int                    /* 定义 LED 宏 */
int main()
{   /* 定义 LED 的 8 段 */
    LED Led_1;
    LED Led_2;
    LED Led_3;
    LED Led_4;
    LED Led_5;
    LED Led_6;
    LED Led_7;
    /* 设置为 8（全部点亮） */
    Led_1 = 1;
    Led_2 = 1;
    Led_3 = 1;
    Led_4 = 1;
    Led_5 = 1;
    Led_6 = 1;
    Led_7 = 1;
    /* 显示为 8 */
    PrintLED( Led_1, Led_2, Led_3, Led_4, Led_5, Led_6, Led_7);
    return 0;
}
```

图 3-15　增量 2-3 的输出结果

本章小结

C 语言的基本数据类型包括整型、浮点型和字符型。整型又分为短整型、整型和长整型；浮点型又分为单精度浮点型和双精度浮点型。本章详细介绍了基本数据类型的使用，介绍了常量和变量的定义与初始化操作，以及 C 语言输入、输出函数的操作。

在介绍数据类型基本 C 语言技能的基础上，本章通过大量的例子演示了基本数据类型的使用方法，最后通过增量式项目驱动一体化的方式，介绍了 LED 数码管的定义和初始化。

习 题 3

一、改错

1. 下列字符序列哪些可以作为标识符？

    #sum，_sum，num_max，56_c，if，PRICE，BOY_num，123_long_ago

2. 找出下列程序段的错误。

（1）printf("%s\n", 'A');

（2）scanf("%d", num);

（3）printf("%c\n", "Hello!");

（4）scanf("%2.3f", &f);

3. 修改下面程序的错误。

```
int main()
{
    int x , y =9;
    x = 7;
    int z;
    z = x+y;
    return 0;
}
```

4. 指出下列程序段的错误。

```
int main()
{
    float   a, b=2.0;
    a=1.0;
    int   data;
    data=(a+b)*1.2;
    printf("data=%f\n", data);
}
```

二、程序填空

5. 有以下程序段：

```
int main()
{
    int a;
    char ch;
    scanf("%d%2c", &a, &ch);
    printf("%d, %c\n", a, ch);
    return 0;
}
```

如果 a 的值为 10，ch 的值为 A，则输入格式为_____。

6. 将下面的程序段补充完整。

```
int main()
{
    int   num;
    _____            // 定义字符型变量 ch，并赋初值'#'
    _____            // 输入变量 num 的值
```

```c
        printf("ch = %c\n", ch);
        printf("num = %d\n", num)
        return 0;
    }
```

7. 进制转换。

0123 = (＿＿＿＿＿＿＿)₁₀

0x123 = (＿＿＿＿＿＿＿)₁₀

0Xff = (＿＿＿＿＿＿＿)₁₀

三、读程序，分析并写出运行结果

8.
```c
    int main()
    {
        printf("\100 \x10 C\n");
        printf("I say:\"How are you?\"\n");
        printf("\\C Program\\\n");
        printf("\'CodeBlocks\'");
        return 0;
    }
```

9.
```c
    int main()
    {
        int   a=3, b=4;
        printf("%d %d\n", a, b);
        printf("a=%d, b=%d\n", a, b);
        return 0;
    }
```

10.
```c
    int main()
    {
        int   x;
        char   ch;
        scanf("%d", &x);
        scanf("%c", &ch);
        printf("x=%d, ch=%d\n", x, ch);
        return 0;
    }
```

11.
```c
    int main()
    {
        int   x = 102, y = 012;
        printf("%2d, %2d\n", x, y);
        return 0;
    }
```

12.
```c
    int main()
    {
        int   i;
```

```
        float   j;
        i = 34;
        j = 12.34567;
        printf("i = %4d, j = %2.2f", i, j);
        return 0;
    }
```

四、编程题

13. 编写程序，输入一个整数和一个字符，并输出。

14. 编写程序，输入一个十进制数，分别按八进制数和十六进制数格式输出。

15. 编写程序，输入三个字母 B、O、Y，分别按照横排和竖排格式输出。

16. 编写程序，要求输入最高温度和最低温度，输出最高和最低温度。

第4章　运算符与表达式

- ❖ 掌握C语言的主要运算符：算术运算符、关系运算符、逻辑运算符、条件运算符、赋值运算符、逗号运算符、位运算符等
- ❖ 掌握表达式的概念和表示
- ❖ 掌握自动（隐式）类型转换和强制类型转换

表达式是计算机程序中计算的基本形式。表达式由计算机语言的基本元素：数据和运算符组成。数据在程序中的主要表现形式为常量和变量，第3章已详细讲解。C语言提供了丰富的运算符，可以使用C语言表达式描述各种算法。本章将介绍C语言的运算符和表达式。

4.1　基本技能

本节将详细介绍C语言的运算符和表达式，并通过例子介绍运算符和表达式的使用方法。

（1）运算符

C语言提供了丰富的运算符，运算符按照其功能分类如图4-1所示。运算符的优先级共有15级，1级最高，15级最低。按照运算符所需要操作数的数目，分为单目、双目和三目运算符。本书附录C详细列出了C语言运算符的功能、优先级和结合性。

算术运算符：+，-，×，/，%，++，--
关系运算符：<，<=，==，>，>=，!=
逻辑运算符：!，&&，||
位运算符：<<，>>，~，|，∧，&
赋值运算符：=及其扩展
条件运算符：?:
运算符 逗号运算符：,
指针运算符：*，&
求字节数：sizeof
强制类型转换：（类型）
分量运算符：.，->
下标运算符：[]
其他：()

图 4-1　运算符分类

（2）表达式

在C语言中，由常量、变量、函数调用和运算符组合起来的式子称为表达式。每个表达式都有一个值和类型，即计算表达式后所得结果的值和类型。表达式求值按运算符优先级和结合性规定的顺序进行。

根据运算符不同，表达式分为算术表达式、关系表达式、逻辑表达式、赋值表达式、逗号

表达式。

4.1.1 算术运算符

算术运算符用于各类数值运算。C 语言中的算术运算符包括+、-、*、/、%、++、--共7 种运算符，如表 4-1 所示，算术运算符的结合方向是从左向右。用算术运算符连接起来的符合 C 语言语法规则的式子称为算术表达式。

表 4-1 算术运算符

运算符	名　称	运算符	名　称
+	加	++	自增
-	减、取负	--	自减
*	乘	%	求余
/	除		

1. 基本算术运算符: +、-、*、/、%

基本算术运算符的结合方向为从左向右。基本算术运算符的优先级如下：单目运算符-（取负）的优先级最高，右结合；乘法、除法和求余的优先级次之，最低的是加法和减法，都是左结合。

两整数相除，结果为整数；求余运算符%要求两侧均为整型数据，其结果是整数除法的余数；对于负数参与求余运算，一般系统中取%前面的操作数的符号作为结果的符号。例如：

7/2 = 3
-7/2.0 = -3.5
7%2 = 1
-7%2 = -1
1%7 = 1
7%1 = 0
7.5%2（错误表示）

【例 4-1】 算术运算符的使用。计算三位正整数各位上的数字（chp4_1.c）。

```c
#include <stdio.h>
#include <stdlib.h>
int main()
{
    int    number;
    int    a, b, c;
    printf("请输入一个三位数: ");
    scanf("%d", &number);
    a = number%10;
    number = number/10;
    b = number%10;
    c = number/10;
    printf("这个三位数的个位、十位、百位上的数分别为: %d, %d, %d", a, b, c);
    return 0;
}
```

程序输出结果见图 4-2。

请输入一个三位数：456
这个三位数的个位、十位、百位上的数分别为：6,5,4

图 4-2　算术运算符的使用

2. 自增（++）、自减（--）运算符

自增、自减运算符的作用：使变量值加 1 或减 1，都是单目运算符。

优先级：高于加减乘除等运算符。

结合性：右结合。

自增和自减运算符只能用于变量，不能用于常量或表达式，有两种使用方法：① 前置，如++i、--i（先执行 i+1 或 i-1，再使用 i 值）；② 后置，i++、i--（先使用 i 值，再执行 i+1 或 i-1）。

【例 4-2】　自增、自减运算符的使用（chp4_2.c）。

```c
#include <stdio.h>
#include <stdlib.h>
int main()
{
    int   i, k, a, b, c;
    i=3;
    k=++i;
    printf("i = %d, k = %d\n", i, k);
    i=3;
    k=i++;
    printf("i = %d, k = %d\n", i, k);
    i=3;
    printf("%d\n", ++i);
    i=3;
    printf("%d\n", i++);
    a=3;
    b=5;
    c=(++a)*b;
    printf("a = %d, b = %d, c = %d\n", a, b, c);
    a=3;
    b=5;
    c=(a++)*b;
    printf("a = %d, b = %d, c = %d\n", a, b, c);
    return 0;
}
```

程序输出见图 4-3。

i = 4,k = 4
i = 4,k = 3
4
3
a = 4,b = 5,c = 20
a = 4,b = 5,c = 15

图 4-3　自增、自减运算符的使用

4.1.2　关系运算符

当程序需要比较两个数值的大小关系时，就需要使用关系运算符。关系运算也称为比较运算，通过对给定的两个量进行比较，判断结果是否满足给定的条件，如果条件成立，结果为真，否则为假。

C 语言中的关系运算符包含 <、<=、==、>、>=、!= 共 6 种，如表 4-2 所示。关系运算符的结合方向为自左向右，优先级低于算术运算符，高于赋值运算符。

表 4-2　关系运算符

运算符	名　　称	运算符	名　　称
<	小于	==	等于
>	大于	!=	不等于
<=	小于等于	>=	大于等于

用关系运算符将两个表达式（可以是算术表达式或关系表达式、逻辑表达式、赋值表达式、字符表达式）连接起来的式子称为关系表达式。关系表达式的取值为逻辑值"真"或"假"，用 1 表示"真"，用 0 表示"假"。

应避免对浮点数进行相等或不等的判断，因为浮点数是有误差的，不可能精确相等，如 1.0/3.0*3.0==1.0 的结果为 0。

【例 4-3】　关系运算符的使用（chp4_3.c）。

```c
#include <stdio.h>
#include <stdlib.h>
int main()
{
    int   a=3, b=2, c=1, d, f;
    printf("(a > b) = %d\n",a>b);
    printf("((a>b)==c) = %d\n", (a>b)==c);
    printf("(b+c<a) = %d\n", b+c<a);
    printf("(d=a>b) = %d\n", d=a>b);
    printf("(f=a>b>c) = %d\n", f=a>b>c);
    return 0;
}
```

程序输出见图 4-4。

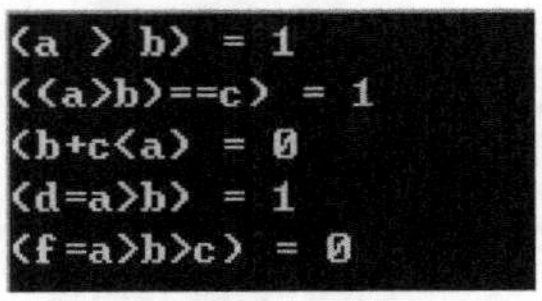

```
(a > b) = 1
((a>b)==c) = 1
(b+c<a) = 0
(d=a>b) = 1
(f=a>b>c) = 0
```

图 4-4　关系运算符

4.1.3　逻辑运算符

关系表达式通常只能表达一些简单的关系，对于一些较复杂的关系则不能正确地表达，使用逻辑运算符可以表示复杂的关系运算。

C 语言中的逻辑运算符有 3 种：&&、||、!，如表 4-3 所示。

表 4-3　逻辑运算符

运算符	名　称
&&	与
||	或
!	非

结合方向：运算符&&和||的结合方向从左到右，运算符!的结合从右到左。

优先级：运算符!的优先级高于算术运算符，运算符&&和||的优先级低于关系运算符，高于赋值运算符。

用逻辑运算符将关系表达式或逻辑量连接起来的式子称为逻辑表达式，逻辑表达式的值是一个逻辑量"真"或"假"。

【例 4-4】　逻辑运算符的使用（chp4_4.c）。

```c
#include <stdio.h>
#include <stdlib.h>
int main()
{
    int    a, b;
    a=4;
    b=5;
    printf("(!a) = %d\n", !a);
    printf("(a&&b) = %d\n", a&&b);
    printf("(a||b) = %d\n", a||b);
    printf("(!a||b) = %d\n", !a||b);
    printf("(4&&0||2) = %d\n", 4&&0||2);
    printf("(5>3&&2||8<4-!0) = %d\n", 5>3&&2||8<4-!0);    // (5>3)&&2||(8<(4-(!0)))
    printf("('c'&&'b') = %d\n", 'c'&&'b');
    return 0;
}
```

程序输出见图 4-5。

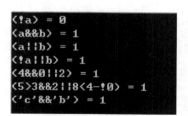

图 4-5　逻辑运算符

在逻辑表达式的求解过程中，并非所有的逻辑运算符都被执行，只有在必须执行下一个逻辑运算符才能求出表达式的解时，才执行该运算符。这称为逻辑运算符的"短路特性"，包含以下两种情况。

① 与运算的短路特性：a && b。只有当 a 的值为 1 时才计算 b 的值；只要 a 的值为 0，则整个表达式的值为 0，b 不再进行计算。例如：

　　　a && b && c　　　　　　// 只有 **a** 为真时才判别 **b** 的值，只有 **a**、**b** 都为真时才判别 **c** 的值

② 或运算的短路特性：a || b。只有当 a 的值为 0 时，才计算 b 的值；如果 a 的值为 1，则整个表达式的值为 1，b 不再进行计算。例如：

```
a || b || c              // 只有a为假时才判别b的值，只有a、b都为假时才判别c的值
```

【例4-5】 逻辑运算符的短路特性（chp4_5.c）。

```c
#include <stdio.h>
#include <stdlib.h>
int main()
{
    int   a, b, c, d, m, n,result;
    a=1;
    b=2;
    c=3;
    d=4;
    m=1;
    n=1;
    result = (m=a>b)&&(n=c>d);
    printf("m = %d, n = %d\n",m,n);
    printf("result = %d\n",result);
    return 0;
}
```

程序输出见图4-6。

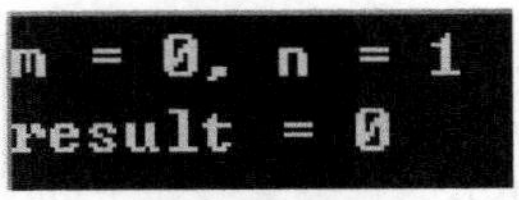

图4-6　逻辑运算符的短路特性

程序分析：因为"a>b"的值为0，所以m=0；根据短路特性，"n=c>d"不被执行，所以n的值不是0而仍保持原值1。

4.1.4　条件运算符

条件运算符是C语言中唯一的一个三目运算符。条件运算符的一般表示形式为：

表达式1？表达式2：表达式3

执行过程如下：先计算表达式1的值，如果表达式1为真，则计算表达式2的值，并将表达式2的值作为整个表达式的值；如果表达式1的值为假，则计算表达式3的值，并将表达式3的值作为整个表达式的值。

条件运算符的结合方向为自右向左，其优先级为13。

【例4-6】 条件运算符的使用（chp4_6.c）。

```c
#include <stdio.h>
#include <stdlib.h>
int main()
{
    int   x, y;
    x = 4;
    y = 3;
    printf("(x>y?1:1.5) = %2.1f\n", x>y?1:1.5);
```

```
x = 10;
y = 20;
printf("(x>y?1:1.5) = %2.1f\n", x>y?1:1.5);
return 0;
}
```
程序输出见图 4-7。

```
(x)y?1:1.5) = 1.0
(x)y?1:1.5) = 1.5
```

图 4-7　条件运算符

4.1.5　逗号运算符

逗号运算符组成的表达式为逗号表达式，其一般形式为：

  表达式 1，表达式 2，…，表达式 *n*

逗号表达式的执行过程如下：先计算表达式 1 的值，再计算表达式 2 的值……依次计算表达式 *n* 的值，表达式 *n* 的值即为整个逗号表达式的值。

逗号表达式的结合方向为左结合，其优先级是所有运算符中最低的。

【例 4-7】 逗号表达式的使用（chp4_7.c）。

```
#include <stdio.h>
#include <stdlib.h>
int main()
{
    int   x, y;
    x = 5;
    printf("x = %d\n", x);
    y = (x = 10/3, x*5);
    printf("x = %d, y = %d\n", x, y);
    y = ((x = 10/3, x*5), x+5);
    printf("x = %d, y = %d\n", x, y);
    return 0;
}
```
程序输出见图 4-8。

```
x  = 5
x  = 3,y  = 15
x  = 3,y  = 8
```

图 4-8　逗号运算符

4.1.6　位运算符

C 语言能够实现一些底层操作，如硬件的编程。位运算是直接对二进制数位进行的运算，位运算的数据对象只能是整型数据或字符型数据，不能是浮点类型或其他的复杂数据类型。C 语言的位运算符如表 4-4 所示。

结合方向：按位取反运算符是单目运算符，右结合；其他运算符为双目运算符，左结合。

表 4-4　位运算符

运算符	名　　称	运算符	名　　称
&	按位与	<<	左移
|	按位或	>>	右移
^	按位异或	~	按位取反

优先级：位运算符的优先级可查看附录 C。

（1）按位与&

运算规则：将参加运算的两个操作数，按照对应的二进制位分别进行"与"运算，如果对应的两个二进制位都为 1，则结果为 1，否则为 0。例如 a=6，b=7，c 用来表示计算结果，则

```
              a:        00000110
  &           b:        00000111
  结果        c:        00000110
```

（2）按位或 |

运算规则：将参加运算的两个操作数，按照对应的二进制位分别进行"或"运算，只要对应的两个二进制位有一个为 1，则结果为 1，否则为 0。例如：

```
              a:        00000110
  |           b:        00000111
  结果        c:        00000111
```

（3）按位取反~

运算规则：将操作数的每一位都取反，也就是 1 变 0，0 变 1。例如：

```
            ~a:        00000110
  结果      c:        11111001
```

（4）按位异或 ^

运算规则：对参加运算的两个操作数中对应的二进制位，如果对应位相同，则结果为 0，否则为 1。例如：

```
              a:        00000110
  ^           b:        00000111
  结果        c:        00000001
```

（5）左移<<

运算规则：将左移运算符左边的运算数的各二进制位全部左移若干位（由左移运算符右边的整数值决定所移位数），高位丢弃，低位补 0。例如，a<<3 的结果为 00110000

（6）右移>>

运算规则：将右移运算符左边的运算数的各二进制位全部右移若干位（由右移运算符右边的整数值决定所移位数），这时低位被移除，高位需要填补空位。

填补内容包含两种情况：① 如果运算数是无符号数，则高位补 0；② 如果运算数是有符号数，则高位补符号位 1。例如，a>>3 的结果为 00000000。

【例 4-8】 位运算符的使用（chp4_8.c）。

```c
#include <stdio.h>
#include <stdlib.h>
int main()
{
    char   ch1 = 'A', ch2 = 'B';
```

```
    char    ch = 'c';
    printf("ch1 = %c, ch2 = %c\n", ch1, ch2);
    ch1 = ch1 ^ ch;
    ch2 = ch2 ^ ch;
    printf("ch1 = %c, ch2 = %c\n", ch1, ch2);
    return 0;
}
```

程序输出见图 4-9。

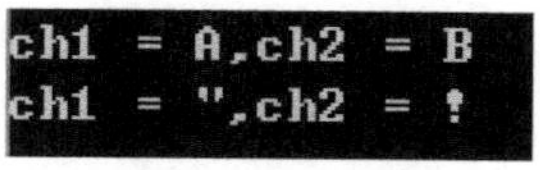

图 4-9　位运算符

4.1.7　赋值运算符

赋值运算符=是一个双目运算符，其作用是将赋值运算符右边表达式的值存储到赋值运算符左边的变量所对应的存储空间中。由赋值运算符将一个变量和一个表达式连接起来的式子称为赋值表达式。赋值运算符的优先级是 14，结合性为右结合。

（1）简单赋值运算符

符号：=。

格式：变量标识符=表达式。

作用：将一个数据（常量或表达式）赋给一个变量。

赋值转换规则：使赋值号右边表达式值自动转换成其左边变量的类型。

使用赋值运算符需要注意以下内容：① 赋值运算符不等同于"等于号"，它的含义是进行"赋值"操作；② 表达式 x = x+1 是合法的赋值表达式，出现在赋值运算符左边和右边的 x 具有不同的含义，其作用是将赋值运算符右边变量 x 存储单元中的值加 1 后，将运算结果再放到变量 x 的存储单元中；③ 赋值运算符左侧只能是变量，不能是常量或表达式。例如：

```
    a=3;
    d=func();
    c=d+2;
```

（2）复合赋值运算符

复合赋值运算符是在简单赋值运算符=前加上其他二目运算符构成的。C 语言中的复合赋值运算符如表 4-5 所示。

表 4-5　复合赋值运算符

运算符	名　　称	运算符	名　　称
+=	加法赋值	<<=	左移位赋值
-=	减法赋值	>>=	右移位赋值
*=	乘法赋值	&=	按位与赋值
/=	除法赋值	^=	按位异或赋值
%=	求余赋值	| =	按位或赋值

【例 4-9】　赋值运算符的使用（chp4_9.c）。

```
#include <stdio.h>
#include <stdlib.h>
```

```c
int main()
{
    int   a;
    a=2;
    printf("a = %d\n", a);
    a%=4-1;
    printf("a = %d\n", a);
    a+=a*=a-=a*=3;
    printf("a = %d\n", a);
    return 0;
}
```

程序输出见图 4-10。

图 4-10　赋值运算符

4.1.8　不同数据类型间的转换

在 C 语言中，不同类型的数据可以进行混合运算，但要先将其转换成相同的数据类型，然后再进行操作。类型转换有自动类型转换和强制类型转换两种。

（1）自动类型转换

C 语言规定的转换规则为由低级到高级转换，也就是当参与同一表达式运算的每个变量具有不同的数据类型时，编译系统会自动先将低级类型的变量向高级类型的变量进行类型转换，转换成同一类型的量，再进行运算。转换规则如图 4-11 所示。例如，已知如下变量类型定义：

```c
int   i;
float   f;
double   d;
long   l;
```

计算表达式 "20+'a' + i*f – d/l"，具体的转换过程如图 4-12 所示。

图 4-11　转换规则

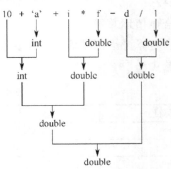

图 4-12　自动类型转换示例

（2）强制类型转换

C 语言提供了强制类型转换运算符，使用强制类型转换运算符，可以将表达式的结果强制转换为指定的数据类型。其格式如下：

(数据类型) (表达式)

其中，数据类型为强制类型转换运算符，是单目运算符，右结合。

【例 4-10】 强制类型转换的使用（chp4_10.c）。

```c
#include <stdio.h>
#include <stdlib.h>
int main()
{
    int   a;
    float   f;
    a = 20;
    f =24.56;
    printf("(float)a = %f\n", (float)a);
    printf("(int)f = %d\n", (int)f);
    printf("a = %d,f = %f\n", a, f);
    return 0;
}
```

程序输出见图 4-13。

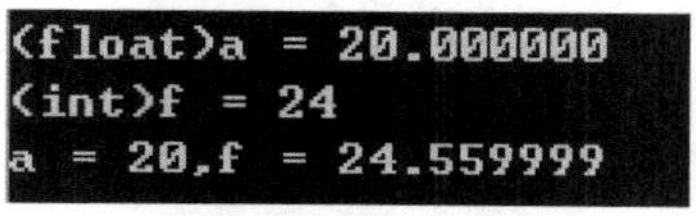

```
(float)a = 20.000000
(int)f = 24
a = 20,f = 24.559999
```

图 4-13　强制类型转换

4.1.9　C 程序的结构

C 程序可以由若干源文件组成，源文件可以由若干函数和预处理命令以及全局变量声明部分组成，函数由函数首部和函数体组成，函数体由数据声明和执行语句组成，如图 4-14 所示。C 语言中的语句可以分为 5 类：表达式语句、控制语句、函数调用语句、复合语句和空语句。

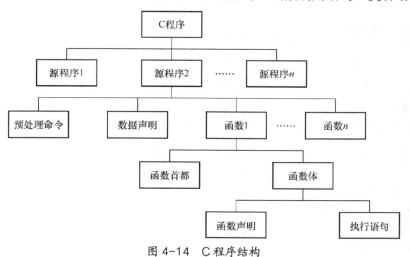

图 4-14　C 程序结构

（1）表达式语句

表达式语句由一个表达式加一个 ";" 构成。例如：

    a + =5;

（2）控制语句

控制语句通过控制程序的流程，来完成一定的控制功能，以实现程序的各种结构。C 语言有 9 种控制语句，分为 3 类。

① 选择语句：包含 if()-else 语句、switch()多分支选择语句。

② 循环语句：包含 for 循环语句、while 循环语句和 do-while 循环语句。

③ 跳转语句：包含 continue 语句（结束本次循环）、break 语句（中止执行 switch 或循环语句）、return 语句（返回语句）、goto 语句（无条件跳转语句，现在基本不用）。

（3）函数调用语句

函数调用语句由一个函数加上一个 ";" 构成，其作用是：执行一次函数调用。关于函数调用将在后续章节进行介绍。例如：

```
printf("Hello, Niuniu!");
max(a, b, c);
```

（4）复合语句

用一对 { }括起来的语句块称为复合语句，也称为块语句。例如：

```
{
    z=x+y;
    t=z/100;
    printf("%f", t);
}
```

注意：① "}" 后不加 ";"；② 语法上与单一语句相同；③ 复合语句可嵌套。

（5）空语句

仅仅由一个 ";" 组成的语句称为空语句。空语句不产生任何动作，主要用来作为流程的转向点，或作为循环语句中的循环体使用。例如：

```
while(getchar() != '#')
    ;                                              /* 空语句 */
```

4.1.10   顺序结构的 C 语言程序

到目前为止，读者已经可以编写简单的具有顺序结构的 C 语言程序。用 C 语言编写简单顺序结构的程序主要包括：数据的输入、计算和结果的输出。

【例 4-11】 已知三角形的三边长，求三角形的面积（chp4_11.c）。

分析：假设三角形的三边分别为 a、b、c，面积用 s 表示。为计算三角形的面积，需要先计算 $l=\dfrac{a+b+c}{2}$，三角形的面积为 $s=\sqrt{l(l-a)(l-b)(l-c)}$。

程序代码如下：

```
#include <stdio.h>
#include <stdlib.h>
#include <math.h>
int main()
{
    float   a, b, c, l, s;
```

```
printf("请输入三角形的三条边: \n");
scanf("%f,%f,%f",&a,&b,&c);
l = 1.0/2*(a+b+c);
s = sqrt(l*(l-a)*(l-b)*(l-c));
printf("三角形的面积 = %7.3f\n", s);
return 0;
}
```

程序输出见图 4-15。

图 4-15　三角形面积

4.2　增量式项目驱动

根据第 2 章 LED 数码管的介绍，本章实现了"依次显示数字 0~9"的功能，参考代码可见"增量 3"。其中，在显示数字 0~9 的过程中使用了顺序结构程序设计。

〖增量 3〗　依次显示数字 0~9。

```
/* 包含显示 LED 用的 PrintLED 所在库文件 */
#include "PrintLED.h"
#define  LED  int                              /* 定义 LED 宏 */
int main()
{   /* 定义 LED 的 8 段 */
    LED Led_1;
    LED Led_2;
    LED Led_3;
    LED Led_4;
    LED Led_5;
    LED Led_6;
    LED Led_7;
    /* 设置为 1 */
    Led_1 = 0;
    Led_2 = 1;
    Led_3 = 1;
    Led_4 = 0;
    Led_5 = 0;
    Led_6 = 0;
    Led_7 = 0;
    /* 显示 */
    PrintLED( Led_1, Led_2, Led_3, Led_4, Led_5, Led_6, Led_7);
    /* 设置为 2 */
    Led_1 = 1;
    Led_2 = 1;
    Led_3 = 0;
    Led_4 = 1;
    Led_5 = 1;
```

```
Led_6 = 0;
Led_7 = 1;
/* 显示 */
PrintLED(Led_1, Led_2, Led_3, Led_4, Led_5, Led_6, Led_7);
/* 设置为 3 */
Led_1 = 1;
Led_2 = 1;
Led_3 = 1;
Led_4 = 1;
Led_5 = 0;
Led_6 = 0;
Led_7 = 1;
/* 显示 */
PrintLED(Led_1, Led_2, Led_3, Led_4, Led_5, Led_6, Led_7);
/* 设置为 4 */
Led_1 = 0;
Led_2 = 1;
Led_3 = 1;
Led_4 = 0;
Led_5 = 0;
Led_6 = 1;
Led_7 = 1;
/* 显示 */
PrintLED(Led_1, Led_2, Led_3, Led_4, Led_5, Led_6, Led_7);
/* 设置为 5 */
Led_1 = 1;
Led_2 = 0;
Led_3 = 1;
Led_4 = 1;
Led_5 = 0;
Led_6 = 1;
Led_7 = 1;
/* 显示 */
PrintLED(Led_1, Led_2, Led_3, Led_4, Led_5, Led_6, Led_7);
/* 设置为 6 */
Led_1 = 1;
Led_2 = 0;
Led_3 = 1;
Led_4 = 1;
Led_5 = 1;
Led_6 = 1;
Led_7 = 1;
/* 显示 */
PrintLED(Led_1, Led_2, Led_3, Led_4, Led_5, Led_6, Led_7);
/* 设置为 7 */
Led_1 = 1;
Led_2 = 1;
```

```
        Led_3 = 1;
        Led_4 = 0;
        Led_5 = 0;
        Led_6 = 0;
        Led_7 = 0;
        /* 显示 */
        PrintLED(Led_1, Led_2, Led_3, Led_4, Led_5, Led_6, Led_7);
        /* 设置为 8 */
        Led_1 = 1;
        Led_2 = 1;
        Led_3 = 1;
        Led_4 = 1;
        Led_5 = 1;
        Led_6 = 1;
        Led_7 = 1;
        /* 显示 */
        PrintLED(Led_1, Led_2, Led_3, Led_4, Led_5, Led_6, Led_7);
        /* 设置为 9 */
        Led_1 = 1;
        Led_2 = 1;
        Led_3 = 1;
        Led_4 = 1;
        Led_5 = 0;
        Led_6 = 1;
        Led_7 = 1;
        /* 显示 */
        PrintLED(Led_1, Led_2, Led_3, Led_4, Led_5, Led_6, Led_7);
        /* 设置为 0 */
        Led_1 = 1;
        Led_2 = 1;
        Led_3 = 1;
        Led_4 = 1;
        Led_5 = 1;
        Led_6 = 1;
        Led_7 = 0;
        /* 显示 */
        PrintLED( Led_1, Led_2, Led_3, Led_4, Led_5, Led_6, Led_7);
        return 0;
    }
```

本章小结

本章通过"知识点+实例"的形式介绍了 C 语言中的运算符与表达式的使用方法。C 语言提供了丰富的运算符，本章介绍了算术运算符、关系运算符、逻辑运算符、条件运算符、逗号运算符、位运算符和赋值运算符的分类、作用、优先级和结合性，以及各表达式的使用。

本章介绍了 C 语言的基本语句：表达式语句、函数调用语句、控制语句、复合语句和空语句的概念，介绍了顺序结构程序设计。

通过 LED 数码管"依次显示数字 0~9"展示了运算符与表达式、程序顺序结构在 C 语言项目中的具体应用。

习 题 4

一、计算下面表达式的值

1. 计算 x 的值，其中 x = 7+3*7/2-1。
2. 计算 x 的值，其中 x=-4%2+2*2-2/2。
3. 计算 x 的值，其中 x=(int)12.92 + 0.08。
4. 计算 x 的值，其中 x=12.92+0.08。
5. 已知 a = 3，b = -4，c = 5，计算下面表达式的值。

    (a&&b)==(a||c)
    !(a>b)+(b==c)||(a+b)&&(b-c)

6. 已知

    int   x =11, y = 10;

计算"x-++y?10:11>=y?'a':'z'"的值。

二、填空

7. 一个三位数整数 456，求该三位数个位数的表达式为_____，求十位数的表达式为_____，求百位数的表达式为_____。

8. 已知 x=43，ch='A'，y = 0，则表达式 "(x>=y&&ch<'B'&&!y)" 的值为_____。

9. 已知

    int   x = 11, y = 10;

则表达式 "x+y?10:11>y++?'a':'z'" 的值为_____。

10. 判断 char 型变量 ch 是否为数字的表达式为_____。

11. 已知 "int   x = 2;"，则表达式 "x *=x +1" 的值为_____。

12. 用表达式表示以下内容。

（1）x 是正数
（2）x 是偶数
（3）x 的取值在-10 和 10 之间
（4）x 小于 0 或者 x 大于 100
（5）x 能被 3 或 5 整除
（6）x 能被 3 整除但不能被 5 整除

三、读程序，分析并写出运行结果

13.

```
int main()
{
    int   m=3, n=4, x;
    x=-m++;
    x=x+8/n;
```

```
        printf("%d\n", x);
        return 0;
    }
```

14.
```
    int main()
    {
        int    a =2, b=2, c;
        c=(a+=b*=a);
        printf("%d, %d, %d\n", a, b, c);
        return 0;
    }
```

15.
```
    int main()
    {
        char    ch;
        ch = 'A';
        printf("%d\n", ch&&'\0');
        return 0;
    }
```

四、编程题

16. 编写程序，计算表达式 "12a(a+b)/c%d" 的值。

17. 编写程序，输出一个三位正整数各位上的数字。

18. 编写程序，输入圆柱体的底面半径和高，计算圆柱体的底面积和体积。

19. 编写程序，实现字母的加密过程：用原来字母后面第 5 个字母代替原字母。例如，字母 A 加密后的字母为 F。要求，输入 5 个字母，输出加密后的字母序列。

第 5 章　选择结构程序设计

- ✠ **掌握单分支语句**
- ✠ **掌握双分支语句**
- ✠ **掌握嵌套 if 语句**
- ✠ **掌握开关语句**

本章将介绍 C 语言中实现选择、分支结构的控制语句，这些语句的功能是通过判断给定的条件是否成立，从给定的各种可能情况中选择一种进行操作。C 语言的条件控制语句分为条件分支语句和开关语句。

5.1　基本技能

本节将详细介绍分支与开关语句的语法结构，并通过例子介绍条件分支结构在具体应用中的使用方法。

5.1.1　单分支 if 语句

1．语法格式

单分支 if 语句的语法格式为：

```
if(条件表达式) {
    语句                         // 该语句称为 if 操作
}
```

该格式中包括两部分：① 关键字 if 后面的一对 "( )" 中的条件表达式；② 语句。

2．执行流程

if 语句的执行流程如下：当条件表达式的值为 "真"（非 0）时，执行 if 操作；当表达式的值为 "假"（0）时，不执行 if 操作，如图 5-1 所示。

3．示例

【例 5-1】　计算两个数的最大值（chp5_1.c）。

```c
#include <stdio.h>
#include <stdlib.h>
int main()
{
    int    a, b, max=0;
    printf("输入 a 和 b 的值，用逗号分隔:");
```

图 5-1 单分支 if 流程

```
scanf("%d, %d", &a, &b);
if(a>=b)
{
    max=a;
}
if(a<b)
{
    max=b;
}
printf("最大值为: %d\n", max);
return 0;
}
```

程序输出见图 5-2。

输入a和b的值,用逗号分隔:26,13
最大值为:26

图 5-2 计算两个数的最大值

4．if 语句使用说明

单分支结构中的 if 操作，在使用时要注意以下事项。

① 下面的代码实际上是两条语句：一条 if 语句和一条赋值语句。无论 x 是否大于 0，语句"z=20;"都会被执行。

```
if(x>0)
{
    y=10;
}
z=20;
```

② 下列代码则是一条语句，只有当 x 大于 0 时，语句"z=20;"才会被执行。

```
if(x>0)
{
    y=10;
    z=20;
}
```

5.1.2 双分支 if-else 语句

1. 语法格式

第 4 章介绍的条件运算符可以表示双分支 if-else 语句的功能，双分支 if-else 语句的语法格式如下：

```
if(条件表达式)
{
    语句 1                          // if 操作
}
else
{
    语句 2                          // else 操作
}
```

if-else 语句格式中包括三部分：条件表达式，if 操作，else 操作。

2. 执行流程

if-else 语句的执行流程如下：当条件表达式的值为"真"（非 0）时，执行 if 操作；当条件表达式的值为"假"（0）时，执行 else 操作，如图 5-3 所示。

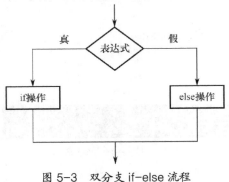

图 5-3　双分支 if-else 流程

3. 示例

【例 5-2】 判断一个正整数是否为偶数（chp5_2.c）。

```c
#include <stdio.h>
#include <stdlib.h>
int main()
{
    int   num;
    printf("请输入一个正整数：");
    scanf("%d", &num);
    if(num%2==0)
        printf("正整数%d 是偶数！\n",num);
    else
        printf("正整数%d 不是偶数！\n",num);
    return 0;
}
```

程序输出见图 5-4。

图 5-4 偶数的判断

4．if-else 语句使用说明

在使用双分支 if-else 语句时，需要注意以下常见错误。例如：

```
if(x>0)
        y=10;
        z=20;
    else
        y=100;
```

在上面的程序段中有语法错误，在关键字 if 和 else 之间有 2 条语句，这是 C 语言不允许的。正确的程序段为：

```
if(x>0)
{
        y=10;
        z=20;
}
else
        y=100;
```

在双分支 if-else 语句中，if 或 else 操作是一条语句，提倡把它们写成复合语句。例如，下面的两个程序段的执行流程是不一样的。在程序段 1 中，无论 if-else 语句中的条件表达式 a>=1 为"真"还是"假"，赋值语句"c = 40;"都会被执行；在程序段 2 中，只有表达式 a>=1 为假时，赋值语句"c = 40;"才被执行。

程序段 1：

```
if(a>=1)
{
    b = 10;
    c = 20;
}
else
    b = 30;
    c = 40;
```

程序段 2：

```
if(a>=1)
{
    b = 10;
    c = 20;
}
else
{
    b = 30;
    c =40;
```

```
    }
```

5.1.3 if-else if 结构

1. 语法格式

if-else if 结构的语法格式如下：

```
if(表达式 1)
{
    语句 1
}
else if(表达式 2)
{
    语句 2
}
……
else
{
    语句 n
}
```

2. 执行流程

if-else if 结构的执行流程如下：首先计算第 1 个表达式的值，如果计算结果为 "真"（非 0），则执行其后面的复合语句；如果计算结果为 "假"（0），则计算第 2 个表达式的值，以此类推；如果所有表达式的值都为 "假"，则执行关键字 else if 后面的复合语句，结束当前 if-else else 语句的执行，具体流程如图 5-5 所示。

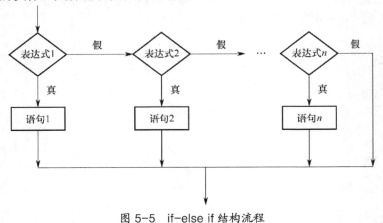

图 5-5 if-else if 结构流程

3. 示例

【例 5-3】 输入一个字符，判断是字母、数字还是其他字符（chp5_3.c）。

```c
#include <stdio.h>
#include <stdlib.h>
int main()
{
```

```
    char   ch;
    printf("请输入一个字符: ");
    ch = getchar();
    if((ch>='A'&&ch<='Z')||(ch>='a'&&ch<='z'))
        printf("%c 为字母! \n", ch);
    else if(ch>='0'&&ch<='9')
        printf("%c 为数字!\n", ch);
    else
        printf("%c 为其他字符! \n", ch);
    return 0;
}
```

程序输出见图 5-6。

图 5-6　字符判断

4．if-else-if 结构使用说明

在以上介绍的分支结构中，需要注意：① if 后面的表达式一般为逻辑表达式或关系表达式，表达式的类型任意；② else 子句不能作为语句单独存在，必须和 if 配对使用；③ if 和 else 后面的语句可以是复合语句，用 "{ }" 括起来，"}" 后没有 ";"；④ if(x)与 if(x!=0)等价，if(!x)与 if(x==0)等价。例如：

```
if(a==b && x==y)
    printf("a=b, x=y");
if(3)
    printf("OK");
if('a')
    printf("%d",'a');
```

5.1.4　if 语句的嵌套

1．语法格式

在 if 或 else 子句中包含一个或多个 if 语句，称为 if 语句的嵌套。嵌套的 if 语句包含如下几种形式。

① 形式 1：

```
if (表达式 1)
{
    if (表达式 2)
        语句 1
    else
        语句 2
}
```

执行流程见图 5-7。

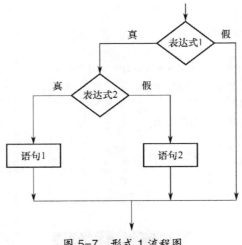

图 5-7　形式 1 流程图

② 形式 2：

```
if (表达式 1)
{
    if (表达式 2)
        语句 1
}
else
    语句 2
```

执行流程见图 5-8。

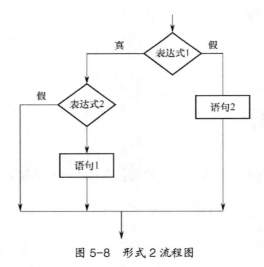

图 5-8　形式 2 流程图

③ 形式 3：

```
if (表达式 1)
    语句 1
else
{
    if(表达式 2)
```

```
            语句 2
        else
            语句 3
    }
```
执行流程见图 5-9。

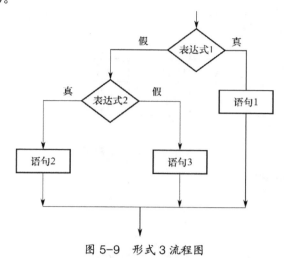

图 5-9　形式 3 流程图

④ 形式 4：
```
    if (表达式 1)
    {
        if (表达式 2)
            语句 1
        else
            语句 2
    }
    else
    {
        if(表达式 3)
            语句 3
        else
            语句 4
    }
```
执行流程见图 5-10。

2. 示例

【例 5-4】　判断某年是否为闰年（chp5_4.c）。
```
    #include <stdio.h>
    #include <stdlib.h>
    int main()
    {
        int   year = 2016;
```

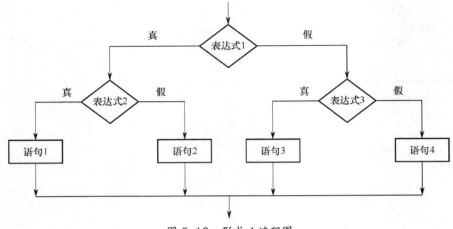

图 5-10 形式 4 流程图

```c
int   isLeapYear = 0;
printf("输入年份:");
scanf("%d", &year);
if(year>=1)
{
    isLeapYear = (year%4==0 && year%100!=0) || (year%400 == 0);
    if(isLeapYear)
    {
        printf("%d 是闰年\n", year);
    }
    else
    {
        printf("%d 不是闰年\n", year);
    }
}
else
{
    printf("%d 小于 1，不合理\n", year);
}
return 0;
}
```

程序输出见图 5-11。

```
输入年份:2015
2015不是闰年
```

图 5-11　闰年的判断

5.1.5　开关语句

1. 语法格式

switch 语句是单条件、多分支开关语句，其语法格式为：

　　switch(表达式)

```
{
    case 常量值 1:
            语句组 1
            break;
    case 常量值 2:
            语句组 2
            break;
    ...
    case 常量值 n:
            语句组 n
            break;
    default:
            语句组
}
```

2．执行流程

switch 语句的执行流程如下：先计算表达式的值，如果表达式的值与某个 case 后的常量值相等，就执行该 case 中的语句组；如果在当前 case 的语句组中包含 break 语句，则执行完 break 语句后结束 switch 语句的执行；否则，继续执行之后的每个 case 中的语句。如果表达式的值与所有 case 后的常量值都不相等，则执行 default 语句组，具体流程见图 5-12。

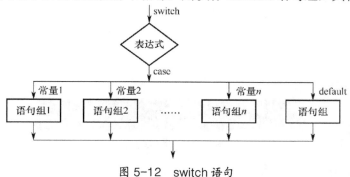

图 5-12　switch 语句

3．switch 语句使用说明

switch 语句中表达式的值可以是整型常量值（包括字符型值）或枚举型，使用 switch 开关语句，需要注意以下内容：① 各常量表达式的值必须互不相等；② 遇到第一个相同的 case 常量分支之后，顺序向下执行，不再进行是否相等的判断，所以除非特别情况外，break 语句一般必不可少；③ case 后可包含多个可执行语句，且不必加 "{ }"；④ switch 语句可嵌套；⑤ 多个 case 语句可共用一组执行语句。

例如，下面的程序段中，当常量值为 'A'、'B'和'C' 时执行相同的语句组。

```
……
case 'A':
case 'B':
case 'C':
        printf("score>60\n");
        break;
……
```

4．示例

【例 5-5】 case 语句组中没有使用 break 情况（chp5_5.c）。

```c
#include <stdio.h>
#include <stdlib.h>
int main()
{
    int score;
    printf("请输入表示等级的数字: ");
    scanf("%d", &score);
    switch(score)
    {
        case 5:
                printf("Very good!");
        case 4:
                printf("Good!");
        case 3:
                printf("Pass!");
        case 2:
                printf("Fail!");
        default:
                printf("data error!");
    }
    return 0;
}
```

输入 5，程序输出见图 5-13。

请输入表示等级的数字: 5
Very good!Good!Pass!Fail!data error!

图 5-13　等级输出

【例 5-6】 switch 语句嵌套（chp5_6.c）。

```c
#include <stdio.h>
#include <stdlib.h>
int main()
{
    int   x=1, y=0, a=0, b=0;
    switch(x)
    {
        case 1:
            switch(y)
            {
                case 0:
                    a++;
                    break;
                case 1:
                    b++;
```

```
                    break;
                }
            case 2:
                a++;
                b++;
                break;
            case 3:
                a++;
                b++;
        }
        printf("\na=%d, b=%d\n", a, b);
        return 0;
    }
```

程序输出如图 5-14 所示。

图 5-14　switch 嵌套

5.2　增量式项目驱动

根据第 2 章 LED 数码管的介绍，本章实现了"根据用户选择，显示 0～9 中的任意数字"的功能，参考代码见 4.2 节。其中，在显示任意数字的过程中，增量 4-1、增量 4-2 和增量 4-3 分别采用 if 语句、if-else 语句和 switch 语句编写了代码，图 5-15 为参考的输出结果。

图 5-15　增量 4 的输出结果

〖增量 4-1〗　使用 if 语句实现：根据选择，显示 0～9 中的任意数字。

```
#include <stdio.h>               /* 包含输入输出所需要的库函数的头文件 */
#include "PrintLED.h"            /* 包含显示 LED 用的 PrintLED 所在库文件 */
#define    LED        int        /* 定义 LED 宏 */
int main()
{   /* 定义 LED 的 8 个段 */
    /* 在定义的同时初始化（赋初值） */
    LED Led_1 = 0;
    LED Led_2 = 0;
    LED Led_3 = 0;
    LED Led_4 = 0;
    LED Led_5 = 0;
    LED Led_6 = 0;
    LED Led_7 = 0;
```

```c
char Input;                                    /* 保存输入用的变量 */
printf("输入一个要显示的数字并回车： ");       /* 输出提示语句 */
/* 保存输入到变量 */
/* 从输入中获取一个字符并保存到 Input 变量 */
Input = getchar();                             /* getchar()函数来自于 stdio.h */
if('0' == Input)
{    /* 设置为 0 */
    Led_1 = 1;
    Led_2 = 1;
    Led_3 = 1;
    Led_4 = 1;
    Led_5 = 1;
    Led_6 = 1;
    Led_7 = 0;
}
if('1' == Input)
{    /* 设置为 1 */
    Led_1 = 0;
    Led_2 = 1;
    Led_3 = 1;
    Led_4 = 0;
    Led_5 = 0;
    Led_6 = 0;
    Led_7 = 0;
}
if('2' == Input)
{    /* 设置为 2 */
    Led_1 = 1;
    Led_2 = 1;
    Led_3 = 0;
    Led_4 = 1;
    Led_5 = 1;
    Led_6 = 0;
    Led_7 = 1;
}
if('3' == Input)
{    /* 设置为 3 */
    Led_1 = 1;
    Led_2 = 1;
    Led_3 = 1;
    Led_4 = 1;
    Led_5 = 0;
    Led_6 = 0;
    Led_7 = 1;
}
if('4' == Input)
{    /* 设置为 4 */
```

```c
        Led_1 = 0;
        Led_2 = 1;
        Led_3 = 1;
        Led_4 = 0;
        Led_5 = 0;
        Led_6 = 1;
        Led_7 = 1;
    }
    if('5' == Input)
    {   /* 设置为 5 */
        Led_1 = 1;
        Led_2 = 0;
        Led_3 = 1;
        Led_4 = 1;
        Led_5 = 0;
        Led_6 = 1;
        Led_7 = 1;
    }
    if('6' == Input)
    {   /* 设置为 6 */
        Led_1 = 1;
        Led_2 = 0;
        Led_3 = 1;
        Led_4 = 1;
        Led_5 = 1;
        Led_6 = 1;
        Led_7 = 1;
    }
    if('7' == Input)
    {   /* 设置为 7 */
        Led_1 = 1;
        Led_2 = 1;
        Led_3 = 1;
        Led_4 = 0;
        Led_5 = 0;
        Led_6 = 0;
        Led_7 = 0;
    }
    if('8' == Input)
    {   /* 设置为 8 */
        Led_1 = 1;
        Led_2 = 1;
        Led_3 = 1;
        Led_4 = 1;
        Led_5 = 1;
        Led_6 = 1;
        Led_7 = 1;
    }
```

```
        if('9' == Input)
        {    /* 设置为 9 */
            Led_1 = 1;
            Led_2 = 1;
            Led_3 = 1;
            Led_4 = 1;
            Led_5 = 0;
            Led_6 = 1;
            Led_7 = 1;
        }
        /* 显示 */
        PrintLED(Led_1, Led_2, Led_3, Led_4, Led_5, Led_6, Led_7);
        return 0;
    }
```

〖增量 4-2〗 使用 if-else 语句实现：根据选择，显示 0～9 中的任意数字。

```
    #include <stdio.h>                          /* 包含输入输出所需要的库函数的头文件 */
    #include "PrintLED.h"                       /* 包含显示 LED 用的 PrintLED 所在库文件 */
    #define      LED    int                     /* 定义 LED 宏 */
    int main()
    {    /* 定义 LED 的 8 个段 */
        LED Led_1;
        LED Led_2;
        LED Led_3;
        LED Led_4;
        LED Led_5;
        LED Led_6;
        LED Led_7;
        char Input;                             /* 保存输入用的变量 */
        printf("输入一个要显示的数字并回车: ");    /* 输出提示语句 */
        Input = getchar();                      /* 保存输入到变量 */
        if('0' == Input)
        {    /* 设置为 0 */
            Led_1 = 1;
            Led_2 = 1;
            Led_3 = 1;
            Led_4 = 1;
            Led_5 = 1;
            Led_6 = 1;
            Led_7 = 0;
        }
        else if('1' == Input)
        {    /* 设置为 1 */
            Led_1 = 0;
            Led_2 = 1;
            Led_3 = 1;
            Led_4 = 0;
            Led_5 = 0;
```

```
        Led_6 = 0;
        Led_7 = 0;
    }
    else if('2' == Input)
    {    /* 设置为 2 */
        Led_1 = 1;
        Led_2 = 1;
        Led_3 = 0;
        Led_4 = 1;
        Led_5 = 1;
        Led_6 = 0;
        Led_7 = 1;
    }
    else if('3' == Input)
    {    /* 设置为 3 */
        Led_1 = 1;
        Led_2 = 1;
        Led_3 = 1;
        Led_4 = 1;
        Led_5 = 0;
        Led_6 = 0;
        Led_7 = 1;
    }
    else if('4' == Input)
    {    /* 设置为 4 */
        Led_1 = 0;
        Led_2 = 1;
        Led_3 = 1;
        Led_4 = 0;
        Led_5 = 0;
        Led_6 = 1;
        Led_7 = 1;
    }
    else if('5' == Input)
    {    /* 设置为 5 */
        Led_1 = 1;
        Led_2 = 0;
        Led_3 = 1;
        Led_4 = 1;
        Led_5 = 0;
        Led_6 = 1;
        Led_7 = 1;
    }
    else if('6' == Input)
    {    /* 设置为 6 */
        Led_1 = 1;
        Led_2 = 0;
        Led_3 = 1;
```

```c
            Led_4 = 1;
            Led_5 = 1;
            Led_6 = 1;
            Led_7 = 1;
        }
        else if('7' == Input)
        {   /* 设置为 7 */
            Led_1 = 1;
            Led_2 = 1;
            Led_3 = 1;
            Led_4 = 0;
            Led_5 = 0;
            Led_6 = 0;
            Led_7 = 0;
        }
        else if('8' == Input)
        {   /* 设置为 8 */
            Led_1 = 1;
            Led_2 = 1;
            Led_3 = 1;
            Led_4 = 1;
            Led_5 = 1;
            Led_6 = 1;
            Led_7 = 1;
        }
        else if('9' == Input)
        {   /* 设置为 9 */
            Led_1 = 1;
            Led_2 = 1;
            Led_3 = 1;
            Led_4 = 1;
            Led_5 = 0;
            Led_6 = 1;
            Led_7 = 1;
        }
        else                                    /* 在以上都不匹配时匹配这个 */
        {
            Led_1 = 0;
            Led_2 = 0;
            Led_3 = 0;
            Led_4 = 0;
            Led_5 = 0;
            Led_6 = 0;
            Led_7 = 0;
        }
        /* 显示 */
        PrintLED( Led_1, Led_2, Led_3, Led_4, Led_5, Led_6, Led_7);
```

```
        return 0;
    }
```

〖**增量 4-3**〗 使用 switch 语句实现：根据选择，显示 0～9 中的任意数字。

```
#include <stdio.h>                          /* 包含输入输出所需要的库函数的头文件 */
#include "PrintLED.h"                       /* 包含显示 LED 用的 PrintLED 所在库文件 */
#define      LED    int                     /* 定义 LED 宏 */
int main()
{    /* 定义 LED 的 8 个段 */
    LED Led_1;
    LED Led_2;
    LED Led_3;
    LED Led_4;
    LED Led_5;
    LED Led_6;
    LED Led_7;
    char Input;                             /* 保存输入用的变量 */
    printf("输入一个要显示的数字并回车: ");   /* 输出提示语句 */
    Input = getchar();                      /* 保存输入到变量 */
    switch (Input)                          /* 以字符类型变量作为条件 */
    {
        case '0':                           /* 字符需要单引号 */
            /* 设置为 0 */
            Led_1 = 1;
            Led_2 = 1;
            Led_3 = 1;
            Led_4 = 1;
            Led_5 = 1;
            Led_6 = 1;
            Led_7 = 0;
            break;
        case '1':
            /* 设置为 1 */
            Led_1 = 0;
            Led_2 = 1;
            Led_3 = 1;
            Led_4 = 0;
            Led_5 = 0;
            Led_6 = 0;
            Led_7 = 0;
            break;
        case '2':
            /* 设置为 2 */
            Led_1 = 1;
            Led_2 = 1;
            Led_3 = 0;
            Led_4 = 1;
            Led_5 = 1;
            Led_6 = 0;
```

```
            Led_7 = 1;
            break;
        case '3':
            /* 设置为 3 */
            Led_1 = 1;
            Led_2 = 1;
            Led_3 = 1;
            Led_4 = 1;
            Led_5 = 0;
            Led_6 = 0;
            Led_7 = 1;
            break;
        case '4':
            /* 设置为 4 */
            Led_1 = 0;
            Led_2 = 1;
            Led_3 = 1;
            Led_4 = 0;
            Led_5 = 0;
            Led_6 = 1;
            Led_7 = 1;
            break;
        case '5':
            /* 设置为 5 */
            Led_1 = 1;
            Led_2 = 0;
            Led_3 = 1;
            Led_4 = 1;
            Led_5 = 0;
            Led_6 = 1;
            Led_7 = 1;
            break;
        case '6':
            /* 设置为 6 */
            Led_1 = 1;
            Led_2 = 0;
            Led_3 = 1;
            Led_4 = 1;
            Led_5 = 1;
            Led_6 = 1;
            Led_7 = 1;
            break;
        case '7':
            /* 设置为 7 */
            Led_1 = 1;
            Led_2 = 1;
            Led_3 = 1;
```

```
            Led_4 = 0;
            Led_5 = 0;
            Led_6 = 0;
            Led_7 = 0;
            break;
        case '8':
            /* 设置为 8 */
            Led_1 = 1;
            Led_2 = 1;
            Led_3 = 1;
            Led_4 = 1;
            Led_5 = 1;
            Led_6 = 1;
            Led_7 = 1;
            break;
        case '9':
            /* 设置为 9 */
            Led_1 = 1;
            Led_2 = 1;
            Led_3 = 1;
            Led_4 = 1;
            Led_5 = 0;
            Led_6 = 1;
            Led_7 = 1;
            break;
        default:
            /* 在以上都不匹配时匹配这个 */
            Led_1 = 0;
            Led_2 = 0;
            Led_3 = 0;
            Led_4 = 0;
            Led_5 = 0;
            Led_6 = 0;
            Led_7 = 0;
            break;
    }
    /* 显示 */
    PrintLED(Led_1, Led_2, Led_3, Led_4, Led_5, Led_6, Led_7);
    return 0;
}
```

本章小结

选择结构是结构化程序设计中重要的基本结构，是构造各种复杂程序的一种基本单元。本章详细介绍了 C 语言结构化的分支选择结构：单分支 if 语句、双分支 if-else 语句、if-else-if 结构、if 语句的嵌套和 switch 开关语句。本章介绍了分支选择结构的基本语法格式、执行流程，然后通过例子演示各种选择结构的使用方法。

习 题 5

一、改错

1. 指出并改正程序段的错误。

```
int main()
{
    float x = 2.0, y;
    if(x<0)
        y = 0.0;
    else if(x<5);
        y = 1.0/x;
    else
        y = 1.0;
    printf("%f\n", y);
    return 0;
}
```

2. 指出并改正程序段的错误。

```
int main()
{
    int   x, y;
    scanf("%d, %d", &x, &y);
    if(x>y)
        x=y;
        y=x;
    else
        x++;
        y++;
    printf("%d, %d\n", x, y);
    return 0;
}
```

3. 指出并改正程序段的错误。

```
if(x>=1)
    y = 10;;
else
    y = 20;
```

4. 下面的程序段是否实现了"判断 a=b=c"？如果没有实现，请改正。

```
if (a==b)
    if(b==c)
        printf("a==b==c\n");
else
    printf("a!=b\n");
```

二、程序填空

5. 下面程序段实现的功能是：判断两个数的大小关系。请填空。

```
int main()
{
    int   x, y;
    printf("Enter integer x,y:");
    scanf("%d, %d", &x, &y);
    if(x!=y)
    {
        _____
            printf("X>Y\n");
        else
            printf("X<Y\n");
    }
    else
        _____
    return 0;
}
```

6. 下面程序段实现的功能是：输入一个小写字母，将该字母循环后移 5 个字母位置后输出。请填空。

```
int main()
{
    char   ch;
    ch = _____
    if(ch>='a' && _____)
        _____
    else if (ch>='v' && ch<='z')
        _____
    putchar(ch);
    return 0;
}
```

7. 下面程序实现的功能是：判断由三条边 a、b、c 能否构成三角形。请填空。

```
int main()
{
    float   a, b, c;
    scanf("%f, %f, %f", &a, &b, &c);
    if(_____)
        printf("YES\n");
    else
        printf("NO\n");
    return 0;
}
```

三、读程序，分析并写出运行结果

8.

```
int main()
{
    int   a = 0, b = 1, c = 2;
    if(!a)
```

```
                c-=1;
        if(b)
                c-=2;
        if(c)
                c-=3;
        printf("%d\n", c);
        return 0;
    }
```

9.
```
    int main()
    {
        int   ch = 'c';
        switch(ch++)
        {
            default:
                printf("data error!");
            case 'a':
            case 'A':
            case 'b':
            case 'B':
                printf("very good!");
            case 'c':
            case 'C':
                printf("pass!");
            case 'd':
            case 'D':
                printf("fail!");
        }
        return 0;
    }
```

10.
```
    int main()
    {
        int   a, b = 5;
        if(a=b!=0)
            printf("%d\n", a);
        else
            printf("%d\n", a+2);
        return 0;
    }
```

11.
```
    int main()
    {
        int a = 6;
        if(a=4)
            printf("%d\n", a);
```

```
else
    printf("%d\n", ++a);
return 0;
}
```

12.
```
int main()
{
    int   a, b, x;
    a=2;
    b=3;
    x=a;
    if(a>b)
        x=1;
    else if(a==b)
        x=0;
    printf("%d\n", x);
    return 0;
}
```

四、编程题

13. 编写程序，计算一元二次方程 $ax^2+bx+c=0$ 的根。

14. 编写程序，计算如下方程。

$$y = \begin{cases} x & x < 1 \\ 2x - 1 & 1 \leqslant x < 10 \\ 3x - 11 & x \geqslant 10 \end{cases}$$

15. 根据学生的考试分数进行等级划分。

❖ 优：大于等于 90。

❖ 良：小于 90，大于等于 80。

❖ 中：小于 80，大于等于 70。

❖ 及格：小于 70，大于等于 60。

❖ 不及格：小于 60。

16. 编写程序，判断一个 5 位数是不是回文数。例如，23432 是回文数，其个位与万位数字相同，十位与千位数字相同。

第 6 章　循环结构程序设计

- ✠ 掌握 while 循环语句
- ✠ 掌握 do-while 循环语句
- ✠ 掌握 for 循环语句
- ✠ 掌握 break 和 continue 语句

本章将介绍 C 语言中实现循环结构的控制语句。顺序结构和选择结构可以解决简单的、不重复出现的问题，但是在现实生活中许多问题是需要进行重复处理的，C 语言中可以让计算机根据条件反复执行某些"操作"，直到条件不成立时结束"操作"的执行。C 语言提供了三种循环：while 循环语句、do-while 循环语句和 for 循环语句。

6.1　基本技能

本节将详细介绍 while 循环语句、do-while 循环语句、for 循环语句、break 和 continue 语句的语法结构，并通过例子介绍循环结构在具体应用中的使用方法。

6.1.1　while 循环语句

1. 语法格式

while 循环语句的语法格式为：

```
while(表达式)
{
    循环体语句;
}
```

while 语句包含三部分：① while 关键字；② while 后一对 "{ }" 中的表达式；③ 循环体语句，当循环体只有一条语句时，"{ }" 可以省略。

2. 执行流程

while 循环语句的执行流程：计算条件表达式的值，如果值非 0（真），则进入循环，执行循环体语句，每次执行循环体语句后再次计算表达式来对循环条件进行判断，如此循环，直到条件为假（表达式的值为 0），循环结束，具体流程见图 6-1。

3. while 循环语句使用说明

使用 while 语句是需要注意以下内容：① 循环体语句有可能一次也不执行；② 循环体可以是任意类型语句；③ 退出 while 循环的条件为条件表达式不成立（为零），或者循环体内遇到 break、return、goto 语句；④ 无限循环如下：

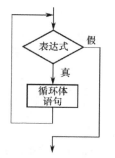

图 6-1 while 语句流程图

while(1)
    循环体语句;

4．示例

【例 6-1】 用 while 循环计算 $1+2+3+\cdots+100$ 的和、打印 $1^2\sim10^2$（chp6_1.c）。

```c
#include <stdio.h>
#include <stdlib.h>
int main()
{
    int   i, sum=0;
    i=1;                                // 循环初值
    while(i<=100)                       // 循环条件，100 为循环结束条件
    {
        sum=sum+i;
        i++;                            // 循环变量增值
    }
    printf("1+2+3+…+100=%d\n", sum);
    printf("\n");
    i=1;
    while(i<=10)
    {
        printf("%d*%d=%d\n", i, i, i*i);
        i++;
    }
    return 0;
}
```

程序输出见图 6-2。

```
1+2+3+......+100=5050

1*1=1
2*2=4
3*3=9
4*4=16
5*5=25
6*6=36
7*7=49
8*8=64
9*9=81
10*10=100
```

图 6-2 while 循环

6.1.2　do-while 循环语句

1．语法格式

do-while 循环语句的语法格式如下：

do {
　　　循环体语句；
} while(表达式);

do-while 语句包含三部分：① do-while 关键字；② do-while 循环体语句，当循环体只有一条语句时，"{ }"可以省略；③ while 关键字后"( )"中的表达式。

2．执行流程

do-while 循环语句的执行流程如下：先执行循环体语句，再计算表达式；当表达式的值为真（非 0）时，执行循环体语句；每次执行循环体语句后再次计算表达式，对循环条件进行判断；如此循环，直到表达式的值为假（0）为止，循环结束。具体流程见图 6-3。

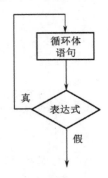

图 6-3　do-while 语句流程

3．示例 1

【例 6-2】　用 do-while 循环计算 $1+2+3+\cdots+100$ 的和、打印 $1^2\sim10^2$（chp6_2.c）。

```
#include <stdio.h>
#include <stdlib.h>
int main()
{
    int   i, sum=0;
    i=1;                                // 循环初值
    do
    {
        sum=sum+i;
        i++;                            // 循环变量增值
    } while(i<=100);                    // 循环条件，100 为循环结束条件
    printf("1+2+3+...+100=%d\n", sum);
    printf("\n");
    i=1;
    do
    {
```

```
            printf("%d*%d=%d\n", i, i, i*i);
            i++;
        } while(i<=10);
        return 0;
    }
```

程序输出见图 6-2。

4．while 和 do-while 比较

① do-while 语句至少执行一次循环体，while 语句可能一次也不执行循环体。

② do-while 可转化成 while 结构，如图 6-4 所示。

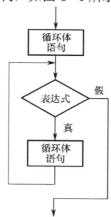

图 6-4   do-while 循环转换为 while 循环

③ 在一般情况下，用 while 语句和用 do-while 语句处理同一个问题，若二者的循环体一样，结果也一样。

④ 如果 while 后面的表达式一开始就为假(0)，那么 while 语句和 do-while 语句的结果不同。

5．示例 2（分别用 while 循环和 do-while 循环实现）

由下面使用 do-while 循环和 while 循环的程序代码和输出结果可以分析得到，当输入的 i 值大于 10 时，do-while 循环执行一次循环体，而 while 循环一次都不执行。

【例 6-3】 do-while 循环的使用（chp6_3.c）。

```
#include <stdio.h>
#include <stdlib.h>
int main()
{
    int   i=0, n, sum=0;
    printf("请输入 n=");
    scanf("%d", &n);
    do
    {
        sum+=i;
        i++;
    }
```

```
        while(i<=10);
            printf("sum=%d\n", sum);
        return 0;
    }
```

程序输出见图 6-5。

图 6-5 do-while 循环

【例 6-4】 while 循环的使用（chp6_4.c）。

```
#include <stdio.h>
#include <stdlib.h>
int main()
{
    int   i=0, n, sum=0;
    printf("请输入 n=");
    scanf("%d", &n);
    while(i<=10)
    {
        sum+=i;
        i++;
    }
    printf("sum=%d\n", sum);
    return 0;
}
```

程序输出见图 6-6。

图 6-6 while 循环

6.1.3 for 循环语句

1. 语法格式

在 C 语言中，for 循环语句的语法格式如下：

```
for(表达式 1; 表达式 2; 表达式 3)
{
    循环体语句;
}
```

for 语句体包含四部分：① 表达式 1，常用来对循环变量赋初值；② 表达式 2，用来对循环条件进行判断；③ 表达式 3，用来对循环变量进行修改；④ 循环体语句，当循环体只有一条语句时，"{ }" 可以省略。

2．执行流程

for 循环语句的执行流程为如下：① 先计算表达式 1 的值，完成必需的初始化工作；② 计算表达式 2 的值，如果表达式 2 的值为真（非 0），则执行循环体语句，再执行③，如果表达式 2 的值为假（0），则转⑤；③ 计算表达式 3 的值，再转②；④ 结束 for 循环，执行 for 循环语句后面的语句；⑤ 结束 for 循环。，具体流程见图 6-7。

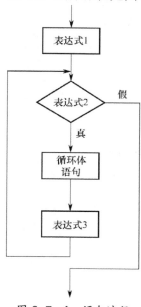

图 6-7　for语句流程

3．示例

【例 6-5】 用 for 循环计算 $1+2+3+\cdots+100$ 的和、打印 $1^2 \sim 10^2$（chp6_5.c）。

```c
#include <stdio.h>
#include <stdlib.h>
int main()
{
    int   i, sum=0;
    for(i=1; i<=100; i++)
    {
        sum=sum+i;
    }
    printf("1+2+3+…+100=%d\n", sum);
    printf("\n");
    for(i=1; i<=10; i++)
    {
        printf("%d*%d=%d\n",i,i,i*i);
    }
    return 0;
}
```

程序输出见图 6-2。

4．for 循环语句使用说明

以下程序都输出相同的符号串"abcdefghij"。

① 表达式 1 可以省略，但 ";" 不能省略，这时应在 for 语句之前给循环变量赋初值。

chp6_6.c

```
#include <stdio.h>
#include <stdlib.h>
int main()
{
    int   i=0;
    for( ; i<10; i++)
        putchar('a'+i);
    return 0;
}
```

② 省略表达式 2，循环无终止执行。

chp6_7.c

```
#include <stdio.h>
#include <stdlib.h>
int main()
{
    int   i;
    for (i=0;; i++)
        putchar('a'+i);
    return 0;
}
```

③ 省略表达式 3，将循环变量增值放到循环体语句。

chp6_8.c

```
#include <stdio.h>
#include <stdlib.h>
int main()
{
    int   i;
    for (i=0; i<10; )
    {
        putchar('a'+i);
        i++;
    }
    return 0;
}
```

④ 省略表达式 1 和表达式 3，等价于 while 语句。

chp6_9.c

```
#include <stdio.h>
#include <stdlib.h>
int main()
{
```

```
        int   i=0;
        for ( ; i<10; )
        {
            putchar('a'+i);
            i++;
        }
        return 0;
    }
```

⑤ 3 个表达式都省略，是无限循环。

```
    for( ; ; )
        ;
```

⑥ for 语句中表达式 1、表达式 2、表达式 3 的类型任意，都可省略，但 ";" 不能省略。

chp6_10.c
```
    #include <stdio.h>
    #include <stdlib.h>
    int main()
    {
        int   i=0;
        for(; i<10; putchar('a'+i), i++)
            ;
        return 0;
    }
```

6.1.4 循环的嵌套

在一个循环体内又包含另一个或多个循环结构，称为循环的嵌套。使用循环嵌套时，需要注意以下内容：① 三种循环可互相嵌套，层数不限。② 外层循环可包含两个以上内循环，但是不能相互交叉。例如：

```
    for( ; ;)
    {
        ……
        do
        {
            ……
        } while();
        ……
        while()
        {
            ……
        }
        ……
    }
```

③ 嵌套循环跳转时，禁止从外层跳入内层、禁止跳入同层的另一循环、禁止向上跳转。

【例 6-6】 使用嵌套循环，输出九九乘法表（chp6_11.c）。

```
    #include <stdio.h>
```

```
#include <stdlib.h>
int main()
{
    int   i, j;
    printf("\n-------------------------------------------------------------\n");
    for(i=1; i<10; i++)
    {
        for(j=1; j<=i; j++)
        {
            printf("%d×%d=%-3d", j, i, (j*i));
        }
        printf("\n");
    }
    printf("\n-------------------------------------------------------------\n");
    return 0;
}
```

程序输出见图 6-8。

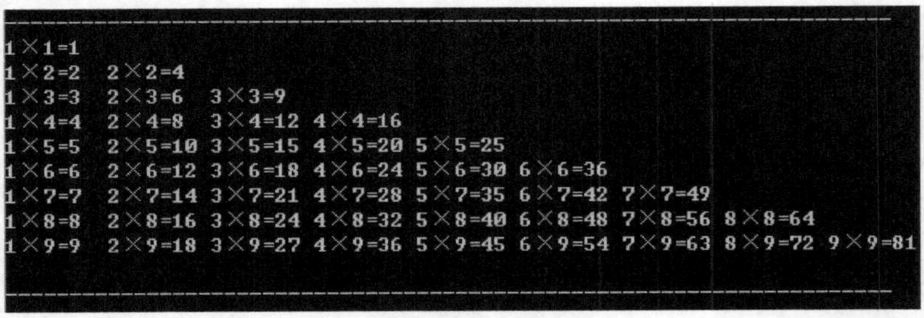

图 6-8   九九乘法表

6.1.5   break 语句

1. 语法格式

break 语句的语法格式如下：

> **break;**

其功能是在循环语句和 switch 语句中，终止并跳出循环体或 switch 结构。

break 语句使用说明：① break 只能终止并跳出最近一层的结构；② break 不能用于循环语句和 switch 语句之外的任何其他语句中。

【例 6-7】 输出圆面积，面积大于 100 时停止（chp6_12.c）。

```
#include <stdio.h>
#include <stdlib.h>
#define    PI    3.14159
int main()
{
    int   r;
    float   area;
    for(r=1; r<=10; r++)
    {
```

```
            area=PI*r*r;
            if(area>100)
                break;
            printf("r=%d, area=%.2f\n", r, area);
        }
        return 0;
    }
```

程序输出见图 6-9。

```
r=1,area=3.14
r=2,area=12.57
r=3,area=28.27
r=4,area=50.27
r=5,area=78.54
```

图 6-9　圆面积

【例 6-8】 小写字母转换成大写字母，直至输入非字母字符（chp6_13.c）。

```
#include <stdio.h>
#include <stdlib.h>
int main()
{
    char   ch;
    while(1)
    {
        ch=getchar();
        if(ch>='a' && ch<='z')
            putchar(ch-'a'+'A');
        else
            break;
    }
    return 0;
}
```

程序输出见图 6-10。

```
abcedgi#
ABCEDGI
```

图 6-10　字母转换

6.1.6　continue 语句

1．语法格式

continue 语句的语法格式如下：

```
continue;
```

continue 语句仅用于循环语句中，用于结束本次循环，跳过本次循环体中尚未执行的语句，进行下一次是否执行循环体的判断。

【例 6-9】 计算输入的十个整数中正数的个数及其平均值（chp6_14.c）。

```
#include <stdio.h>
#include <stdlib.h>
int main()
{
    int    i, num=0,a;
    float    sum=0;                        /*记录正整数之和*/
    for(i=0; i<10; i++)
    {
        printf("请输入第%d 个数: ", i+1);
        scanf("%d", &a);
        if(a<=0)    continue;
        num++;                             /*记录正整数的个数*/
        sum+=a;
    }
    printf("正整数共%d 个，正整数之和为:%6.0f\n", num, sum);
    printf("正整数的平均值为:%6.2f\n", sum/num);
    return 0;
}
```

程序输出见图 6-11。

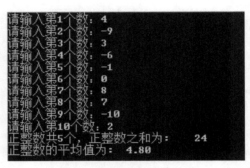

图 6-11　正整数计算问题

6.2　增量式项目驱动

根据第 2 章 LED 数码管的介绍，本章实现"无限次循环显示数字 0～9"、"有限次循环显示数字 0～9"，参考代码见增量 5。其中，增量 5-1～增量 5-3 使用了有限次循环结构循环显示数字 0～9，图 6-12 为运行结果示例；增量 5-4 使用了无限次循环显示数字 0～9。

〖增量 5-1〗 使用 while 循环，有限次显示数字 0～9。

```
/* 包含输入输出所需要的库函数的头文件 */
#include <stdio.h>
/* 包含显示 LED 用的 PrintLED 所在库文件 */
#include "PrintLED.h"
/* 定义 LED 宏 */
#define LED int
int main()
{
```

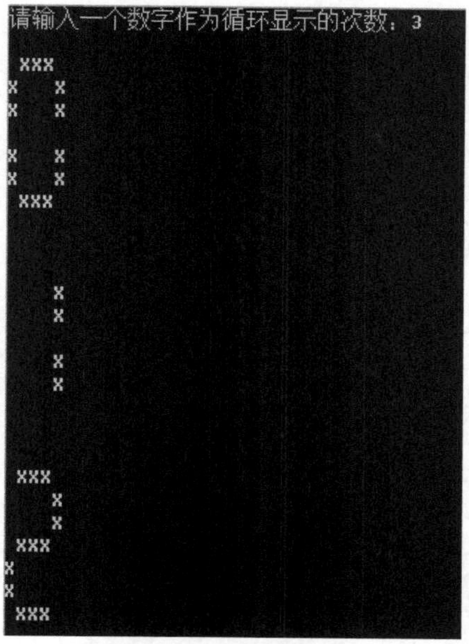

图 6-12　有限次循环结果示例

```
/* 定义 LED 的 8 个段 */
LED Led_1;
LED Led_2;
LED Led_3;
LED Led_4;
LED Led_5;
LED Led_6;
LED Led_7;
unsigned int times;                          /* 保存输入用的变量 */
unsigned int i;                              /* 循环变量 */
int num = 0;                                 /* 当前显示的数字 */
printf("请输入一个数字作为循环显示的次数: ");
scanf("%u", &times);                         /* 从输入读取一个数字 */
i = 0;
while ( i != times )
{
    switch (num)                             /* 以整数作为条件 */
    {
        case 0:                              /* 设置为 0 */
            Led_1 = 1;
            Led_2 = 1;
            Led_3 = 1;
            Led_4 = 1;
            Led_5 = 1;
            Led_6 = 1;
            Led_7 = 0;
            break;
        case 1:                              /* 设置为 1 */
            Led_1 = 0;
```

```c
        Led_2 = 1;
        Led_3 = 1;
        Led_4 = 0;
        Led_5 = 0;
        Led_6 = 0;
        Led_7 = 0;
        break;
    case 2:                              /* 设置为 2 */
        Led_1 = 1;
        Led_2 = 1;
        Led_3 = 0;
        Led_4 = 1;
        Led_5 = 1;
        Led_6 = 0;
        Led_7 = 1;
        break;
    case 3:                              /* 设置为 3 */
        Led_1 = 1;
        Led_2 = 1;
        Led_3 = 1;
        Led_4 = 1;
        Led_5 = 0;
        Led_6 = 0;
        Led_7 = 1;
        break;
    case 4:                              /* 设置为 4 */
        Led_1 = 0;
        Led_2 = 1;
        Led_3 = 1;
        Led_4 = 0;
        Led_5 = 0;
        Led_6 = 1;
        Led_7 = 1;
        break;
    case 5:                              /* 设置为 5 */
        Led_1 = 1;
        Led_2 = 0;
        Led_3 = 1;
        Led_4 = 1;
        Led_5 = 0;
        Led_6 = 1;
        Led_7 = 1;
        break;
    case 6:                              /* 设置为 6 */
        Led_1 = 1;
        Led_2 = 0;
        Led_3 = 1;
```

```
                Led_4 = 1;
                Led_5 = 1;
                Led_6 = 1;
                Led_7 = 1;
                break;
            case 7:                                /* 设置为 7 */
                Led_1 = 1;
                Led_2 = 1;
                Led_3 = 1;
                Led_4 = 0;
                Led_5 = 0;
                Led_6 = 0;
                Led_7 = 0;
                break;
            case 8:                                /* 设置为 8 */
                Led_1 = 1;
                Led_2 = 1;
                Led_3 = 1;
                Led_4 = 1;
                Led_5 = 1;
                Led_6 = 1;
                Led_7 = 1;
                break;
            case 9:                                /* 设置为 9 */
                Led_1 = 1;
                Led_2 = 1;
                Led_3 = 1;
                Led_4 = 1;
                Led_5 = 0;
                Led_6 = 1;
                Led_7 = 1;
                break;
            default:                               /* 在以上都不匹配时匹配这个 */
                Led_1 = 0;
                Led_2 = 0;
                Led_3 = 0;
                Led_4 = 0;
                Led_5 = 0;
                Led_6 = 0;
                Led_7 = 0;
                break;
        }
        /* 显示 */
        PrintLED(Led_1, Led_2, Led_3, Led_4, Led_5, Led_6, Led_7);
        ++num;                                     /* 显示下一个 */
        num = num%10;                              /* 始终保持变量 num 的取值为 0 到 9 */
        ++i;
    }
```

```
        return 0;
    }
```
〖增量 5-2〗 使用 for 循环，有限次循环显示数字 0~9。

```
    #include <stdio.h>                          /* 包含输入输出所需要的库函数的头文件 */
    #include "PrintLED.h"                       /* 包含显示 LED 用的 PrintLED 所在库文件 */
    #define    LED    int                       /* 定义 LED 宏 */
    int main()
    {   /* 定义 LED 的 8 个段 */
    LED Led_1;
    LED Led_2;
    LED Led_3;
    LED Led_4;
    LED Led_5;
    LED Led_6;
    LED Led_7;
    unsigned int times;                         /* 保存输入用的变量 */
    unsigned int i;                             /* 循环变量 */
    int num = 0;                                /* 当前显示的数字 */
    printf("请输入一个数字作为循环显示的次数: ");
    scanf("%u", &times);                        /* 从输入读取一个数字 */
    for (i = 0; i != times; ++i)
    {
        switch (num)                            /* 以整数作为条件 */
        {
            case 0:                             /* 设置为 0 */
                Led_1 = 1;
                Led_2 = 1;
                Led_3 = 1;
                Led_4 = 1;
                Led_5 = 1;
                Led_6 = 1;
                Led_7 = 0;
                break;
            case 1:                             /* 设置为 1 */
                Led_1 = 0;
                Led_2 = 1;
                Led_3 = 1;
                Led_4 = 0;
                Led_5 = 0;
                Led_6 = 0;
                Led_7 = 0;
                break;
            case 2:                             /* 设置为 2 */
                Led_1 = 1;
                Led_2 = 1;
                Led_3 = 0;
```

```c
            Led_4 = 1;
            Led_5 = 1;
            Led_6 = 0;
            Led_7 = 1;
            break;
        case 3:                            /* 设置为 3 */
            Led_1 = 1;
            Led_2 = 1;
            Led_3 = 1;
            Led_4 = 1;
            Led_5 = 0;
            Led_6 = 0;
            Led_7 = 1;
            break;
        case 4:                            /* 设置为 4 */
            Led_1 = 0;
            Led_2 = 1;
            Led_3 = 1;
            Led_4 = 0;
            Led_5 = 0;
            Led_6 = 1;
            Led_7 = 1;
            break;
        case 5:                            /* 设置为 5 */
            Led_1 = 1;
            Led_2 = 0;
            Led_3 = 1;
            Led_4 = 1;
            Led_5 = 0;
            Led_6 = 1;
            Led_7 = 1;
            break;
        case 6:                            /* 设置为 6 */
            Led_1 = 1;
            Led_2 = 0;
            Led_3 = 1;
            Led_4 = 1;
            Led_5 = 1;
            Led_6 = 1;
            Led_7 = 1;
            break;
        case 7:                            /* 设置为 7 */
            Led_1 = 1;
            Led_2 = 1;
            Led_3 = 1;
            Led_4 = 0;
            Led_5 = 0;
            Led_6 = 0;
```

```
                    Led_7 = 0;
                    break;
                case 8:                          /* 设置为 8 */
                    Led_1 = 1;
                    Led_2 = 1;
                    Led_3 = 1;
                    Led_4 = 1;
                    Led_5 = 1;
                    Led_6 = 1;
                    Led_7 = 1;
                    break;
                case 9:                          /* 设置为 9 */
                    Led_1 = 1;
                    Led_2 = 1;
                    Led_3 = 1;
                    Led_4 = 1;
                    Led_5 = 0;
                    Led_6 = 1;
                    Led_7 = 1;
                    break;
                default:                         /* 在以上都不匹配时匹配这个 */
                    Led_1 = 0;
                    Led_2 = 0;
                    Led_3 = 0;
                    Led_4 = 0;
                    Led_5 = 0;
                    Led_6 = 0;
                    Led_7 = 0;
                    break;
            }
            /* 显示 */
            PrintLED( Led_1, Led_2, Led_3, Led_4, Led_5, Led_6, Led_7);
            ++num;                               /* 显示下一个 */
            num = num%10;                        /* 始终保持变量 num 的取值为 0 到 9 */
        }
        return 0;
    }
```

〖增量 5-3〗 使用 do-while 循环，有限次显示数字 0~9。

```
#include <stdio.h>                      /* 包含输入输出所需要的库函数的头文件 */
#include "PrintLED.h"                   /* 包含显示 LED 用的 PrintLED 所在库文件 */
#define        LED   int                /* 定义 LED 宏 */
int main()
{   /* 定义 LED 的 8 个段 */
    LED Led_1;
    LED Led_2;
    LED Led_3;
```

```
LED Led_4;
LED Led_5;
LED Led_6;
LED Led_7;
unsigned int    times;                          /* 保存输入用的变量 */
unsigned int    i;                              /* 循环变量 */
int    num = 0;                                 /* 当前显示的数字 */
printf("请输入一个数字作为循环显示的次数: ");
scanf("%u", &times);                            /* 从输入读取一个数字 */
i = 0;
do{
    switch (num)                                /* 以整数作为条件 */
    {
        case 0:                                 /* 设置为 0 */
            Led_1 = 1;
            Led_2 = 1;
            Led_3 = 1;
            Led_4 = 1;
            Led_5 = 1;
            Led_6 = 1;
            Led_7 = 0;
            break;
        case 1:                                 /* 设置为 1 */
            Led_1 = 0;
            Led_2 = 1;
            Led_3 = 1;
            Led_4 = 0;
            Led_5 = 0;
            Led_6 = 0;
            Led_7 = 0;
            break;
        case 2:                                 /* 设置为 2 */
            Led_1 = 1;
            Led_2 = 1;
            Led_3 = 0;
            Led_4 = 1;
            Led_5 = 1;
            Led_6 = 0;
            Led_7 = 1;
            break;
        case 3:                                 /* 设置为 3 */
            Led_1 = 1;
            Led_2 = 1;
            Led_3 = 1;
            Led_4 = 1;
            Led_5 = 0;
            Led_6 = 0;
            Led_7 = 1;
```

```
        break;
    case 4:                                    /* 设置为 4 */
        Led_1 = 0;
        Led_2 = 1;
        Led_3 = 1;
        Led_4 = 0;
        Led_5 = 0;
        Led_6 = 1;
        Led_7 = 1;
        break;
    case 5:                                    /* 设置为 5 */
        Led_1 = 1;
        Led_2 = 0;
        Led_3 = 1;
        Led_4 = 1;
        Led_5 = 0;
        Led_6 = 1;
        Led_7 = 1;
        break;
    case 6:                                    /* 设置为 6 */
        Led_1 = 1;
        Led_2 = 0;
        Led_3 = 1;
        Led_4 = 1;
        Led_5 = 1;
        Led_6 = 1;
        Led_7 = 1;
        break;
    case 7:                                    /* 设置为 7 */
        Led_1 = 1;
        Led_2 = 1;
        Led_3 = 1;
        Led_4 = 0;
        Led_5 = 0;
        Led_6 = 0;
        Led_7 = 0;
        break;
    case 8:                                    /* 设置为 8 */
        Led_1 = 1;
        Led_2 = 1;
        Led_3 = 1;
        Led_4 = 1;
        Led_5 = 1;
        Led_6 = 1;
        Led_7 = 1;
        break;
    case 9:                                    /* 设置为 9 */
```

```
                Led_1 = 1;
                Led_2 = 1;
                Led_3 = 1;
                Led_4 = 1;
                Led_5 = 0;
                Led_6 = 1;
                Led_7 = 1;
                break;
            default:                            /* 在以上都不匹配时匹配这个 */
                Led_1 = 0;
                Led_2 = 0;
                Led_3 = 0;
                Led_4 = 0;
                Led_5 = 0;
                Led_6 = 0;
                Led_7 = 0;
                break;
        }
        /* 显示 */
        PrintLED(Led_1, Led_2, Led_3, Led_4, Led_5, Led_6, Led_7);
        ++num;                                  /* 显示下一个 */
        num = num%10;                           /* 始终保持变量 num 的取值为 0 到 9 */
        ++i;
    } while (i != times);
    return 0;
}
```

〖增量 5-4〗 无限次显示数字 0～9。

```
#include <stdio.h>                          /* 包含输入输出所需要的库函数的头文件 */
#include "PrintLED.h"                       /* 包含显示 LED 用的 PrintLED 所在库文件 */
#define     LED   int                       /* 定义 LED 宏 */
int main()
{   /* 定义 LED 的 8 个段 */
    LED Led_1;
    LED Led_2;
    LED Led_3;
    LED Led_4;
    LED Led_5;
    LED Led_6;
    LED Led_7;
    int num = 0;                            /* 当前显示的数字 */
    do{
        switch (num)                        /* 以整数作为条件 */
        {
            case 0:                         /* 设置为 0 */
                Led_1 = 1;
                Led_2 = 1;
                Led_3 = 1;
```

```
            Led_4 = 1;
            Led_5 = 1;
            Led_6 = 1;
            Led_7 = 0;
            break;
        case 1:                          /* 设置为 1 */
            Led_1 = 0;
            Led_2 = 1;
            Led_3 = 1;
            Led_4 = 0;
            Led_5 = 0;
            Led_6 = 0;
            Led_7 = 0;
            break;
        case 2:                          /* 设置为 2 */
            Led_1 = 1;
            Led_2 = 1;
            Led_3 = 0;
            Led_4 = 1;
            Led_5 = 1;
            Led_6 = 0;
            Led_7 = 1;
            break;
        case 3:                          /* 设置为 3 */
            Led_1 = 1;
            Led_2 = 1;
            Led_3 = 1;
            Led_4 = 1;
            Led_5 = 0;
            Led_6 = 0;
            Led_7 = 1;
            break;
        case 4:                          /* 设置为 4 */
            Led_1 = 0;
            Led_2 = 1;
            Led_3 = 1;
            Led_4 = 0;
            Led_5 = 0;
            Led_6 = 1;
            Led_7 = 1;
            break;
        case 5:                          /* 设置为 5 */
            Led_1 = 1;
            Led_2 = 0;
            Led_3 = 1;
            Led_4 = 1;
            Led_5 = 0;
```

```
                Led_6 = 1;
                Led_7 = 1;
                break;
        case 6:                         /* 设置为 6 */
                Led_1 = 1;
                Led_2 = 0;
                Led_3 = 1;
                Led_4 = 1;
                Led_5 = 1;
                Led_6 = 1;
                Led_7 = 1;
                break;
        case 7:                         /* 设置为 7 */
                Led_1 = 1;
                Led_2 = 1;
                Led_3 = 1;
                Led_4 = 0;
                Led_5 = 0;
                Led_6 = 0;
                Led_7 = 0;
                break;
        case 8:                         /* 设置为 8 */
                Led_1 = 1;
                Led_2 = 1;
                Led_3 = 1;
                Led_4 = 1;
                Led_5 = 1;
                Led_6 = 1;
                Led_7 = 1;
                break;
        case 9:                         /* 设置为 9 */
                Led_1 = 1;
                Led_2 = 1;
                Led_3 = 1;
                Led_4 = 1;
                Led_5 = 0;
                Led_6 = 1;
                Led_7 = 1;
                break;
        default:                        /* 在以上都不匹配时匹配这个 */
                Led_1 = 0;
                Led_2 = 0;
                Led_3 = 0;
                Led_4 = 0;
                Led_5 = 0;
                Led_6 = 0;
                Led_7 = 0;
                break;
```

```
    }
    /* 显示 */
    PrintLED(Led_1, Led_2, Led_3, Led_4, Led_5, Led_6, Led_7);
    ++num;                              /* 显示下一个 */
    num = num%10;                       /* 始终保持变量 num 的取值为 0 到 9 */
} while ( 1 );
return 0;
}
```

本章小结

循环结构是结构化程序设计中另一个基本结构,使用循环结构和第 5 章的选择结构可实现复杂的程序设计。本章介绍了三种循环:while 循环、do-while 循环和 for 循环,以及两个跳转语句:break 语句和 continue 语句。本章介绍了各语句的基本语法格式、执行流程,然后通过例子演示各种结构的使用方法。

本章通过 LED 数码管"有限次显示数字 0~9"和"无限次显示数字 0~9"的功能实现,展示了循环结构在实际中的应用。

习 题 6

一、改错

1. 指出并改正下面程序段的错误。

```
int main()
{
    int   x = 1, s;
    while(x<=10)
    {
        s+=x;
    }
    printf("s=%d\n", s);
    return 0;
}
```

2. 指出并改正下面程序段的错误。

```
int main()
{
    int   m=1, n=234;
    do
    {
        m*=n%10;
        n/=10;
    } while(n)
    printf("m=%d\n", m);
    return 0;
}
```

3. 下面程序段的功能是计算 1+3+5+…+99 的值，指出并改正错误。

```
int main()
{
    int  i,t = 1, s = 0;
    for(i=1; i<=100; i+=2);
        s+=t;
    printf("s=%d\n", s);
    return 0;
}
```

二、程序填空

4. 下面程序段的功能是输出 100 以内能被 4 整除且个位数为 8 的所有整数，请填空。

```
int main()
{
    int  i, j;
    for(i=0;_____; i++)
    {
        j=i*10+8;
        if(_____)
            continue;
        printf("%d\n",j);
    }
    return 0;
}
```

5. 下面程序段实现的功能是输出 1~10 之间奇数之和与偶数之和，请填空。

```
int main()
{
    int  i, m, n, p;
    m=0;
    n=0;
    p=0;
    for(i=0;_____; i+=2)
    {
        m+=i;
        p=i+1;
        if(p>10)
            _____
        n+=p;
    }
    printf("偶数之和=%d\n", m);
    printf("奇数之和=%d\n", _____);
    return 0;
}
```

6. 下面程序段实现的功能是统计输入的字符中数字字符的个数，用换行符结束循环，请填空。

```
int main()
{
    int  n = 0, ch;
    ch=getchar();
```

```
        while(_____)
        {
            if(_____)
                n++;
            ch= _____
        }
        printf("%d\n", n);
        return 0;
    }
```

三、读程序，分析并写出运行结果

7.
```
    int main()
    {
        float   i;
        for(i=.2; i!=1.0; i+=.2)
            printf("%f\n", i);
        return 0;
    }
```

8.
```
    int main()
    {
        int   a=13, b=21, m=0;
        switch(a%3)
        {
            case 0:
                m++;
                break;
            case 1:
                m++;
                switch(b%2)
                {
                    default:
                        m++;
                    case 0:
                        m++;
                        break;
                }
        }
        printf("%d\n", m);
        return 0;
    }
```

9.
```
    int main()
    {
        int   a=1, b=2, c=2, t;
        while(a<b<c)
```

```
            {
                t=a;
                a=b;
                b=t;
                c--;
            }
            printf("%d, %d, %d\n", a, b, c);
            return 0;
        }
```

10.

```
        int main()
        {
            int   i=0, sum=0;
            for(i=1; i<=10; i++)
            {
                if(i%2==0)
                    continue;
                sum=sum+i;
            }
            printf("%d\n", sum);
            return 0;
        }
```

11.

```
        int main()
        {
            int   n =10;
            while(n>7)
            {
                n--;
                printf("%d\n", n);
            }
            return 0;
        }
```

四、编程题

12. 编写程序，计算 $\dfrac{\pi}{4}=1-\dfrac{1}{3}+\dfrac{1}{5}-\dfrac{1}{7}+\cdots$。

13. 编写程序，计算 1+1!+2!+3!+⋯的前 10 项和。

14. 编写程序，计算 Fibonacci 数列前 10 项。Fibonacci 数列的递推公式如下：

$$a_n = \begin{cases} 1 & n=1,2 \\ a_{n-1}+a_{n-2} & n \geq 3 \end{cases}$$

15. 编写程序，将一个三位数循环右移两位后，显示得到的数字。例如，123 循环右移后变为 231。

16. 编写程序，输出 1~100 之间不能被 3 整除但能被 5 整除的数及这些数的和。

17. 编写程序，实现猴子吃桃问题。一只猴子第一天摘了若干桃子，吃了一半，还不过瘾，又多吃了一个；第 2 天又吃了一半，再多吃一个⋯⋯到第 10 天，发现只剩下 1 个桃子。计算第一天共摘了多少个桃子。

第 7 章　函数调用

- ✠ **掌握函数的定义**
- ✠ **掌握函数的调用方法**
- ✠ **掌握函数之间数据传递的方法**
- ✠ **掌握函数的递归调用的方法**
- ✠ **掌握变量的类型、作用范围与存储类别**
- ✠ **熟练库函数的使用方法**

本章将介绍 C 语言中函数的定义和调用。结构化程序设计的原理是将一个大的程序按功能分割成一些小模块，每个模块用于实现一个特定的功能。在 C 语言中，每个模块的功能是由函数完成的，下面详细介绍程序的模块化设计和函数的定义和调用。

7.1　基本技能

C 语言采用模块化程序设计的思想，是将一个大的程序按功能分割成一些小模块，采用自上向下、逐步分解、分而治之的开发方法。

模块化程序设计的特点如下：① 各模块相对独立、功能单一、结构清晰、接口简单；② 将复杂的问题转变成若干个小问题；③ 提高了软件的可靠性；④ 可以缩短开发周期；⑤ 避免程序开发的重复劳动；⑥ 易于维护和功能扩充。

C 语言是函数式语言，一个 C 程序必须有且只能有一个名为 main 的主函数。C 程序的执行总是从 main 函数开始，在 main 中结束，函数不能嵌套定义，可以嵌套调用。

下面详细介绍函数的基本结构和函数的调用等内容。

7.1.1　函数的分类和定义

从用户角度来区分，C 语言的函数分为：标准函数（库函数），由编译系统提供；用户自定义函数。从函数形式来区分，C 语言的函数分为：无参函数、有参函数。

C 语言提供了丰富的库函数，读者要学会如何正确调用已有的标准库函数。在使用库函数时应注意以下内容：① 函数功能是什么；② 函数参数的数目和顺序，及各参数的意义和类型；③ 函数返回值的意义和类型；④ 需要使用的头文件。正确使用库函数和用户自定义函数，可以更好地完成程序的模块化结构。

C 语言中的函数要先定义后使用。函数定义包含两部分：函数头和函数体。

函数头包括函数类型、函数名和形参列表；函数体用一对"{}"括起来，包括函数中的变量定义（说明部分）和功能实现（语句部分）两部分。

函数定义的一般形式如下：

```
函数类型    函数名(形参列表)
{
    说明部分;
    语句部分;
}
```

关于函数定义的几点说明：

① 函数类型是指函数返回值的类型，默认函数返回值为 int 类型，如果函数无返回值，则将函数定义为 void 类型。

② 函数名必须是合法的标识符。

③ 形参列表简称形参，用"（ ）"括起来，形参是函数间数据传递的载体，每个形参前都应有相应的类型说明符，形参之间用"，"间隔，当形参列表为空时，函数为无参函数。例如，下面为有参函数。

```
int max(int x, int y)
{
    int   z;
    z=x>y?x:y;
    return(z);
}
```

又如，下面为无参函数。

```
void printstar()
{
    printf("**********\n");
}
```

④ 函数体中的变量定义要写在函数体的最上面，要遵循"变量先定义后使用"的原则。

⑤ 在 C 语言中，函数不能嵌套定义，即不允许在函数内定义函数。

7.1.2　函数的参数和函数的值

1. 形参和实参

形式参数（形参）：定义函数时函数名后面括号中的变量名。

实际参数（实参）：调用函数时函数名后面括号中的参数（可以是表达式）。

关于形参和实参的几点说明：① 实参必须有确定的值；② 形参必须指定类型；③ 形参与实参类型一致，个数相同；④ 若形参与实参类型不一致，则在函数调用时自动按形参类型转换；⑤ 形参在函数被调用前不占内存，函数调用时为形参分配内存，调用结束内存释放。

【例 7-1】 使用函数实现：输入一个数 x，求 x 的立方（chp7_1.c）。

```
#include <stdio.h>
#include <stdlib.h>
float cube(float   x)
{
    return(x*x*x);
}
```

```
int main()
{
    float   a, cu;
    printf("请输入 a:");
    scanf("%f", &a);
    cu=cube(a);
    printf("Cube of %.2f is %.2f\n", a, cu);
    return 0;
}
```

程序输出见图 7-1。

请输入a:4
4.00的立方是：64.00

图 7-1　用函数计算 x 的立方

2．参数传递方式

如果函数的形参是简单的变量形式，实参可以是常量或具有确定值的表达式。在函数调用时，实参的数据被传给形参，这种方式是值传递。值传递的特点是：函数调用时为形参分配单元，并将实参的值复制到形参中；调用结束，形参单元被释放，实参单元仍保留并维持原值。

值传递的特点如下：① 形参与实参占用不同的内存单元；② 按值传递是单向传递，只能把实参的值传递给形参变量；③ 函数调用结束后，形参所占存储单元将会被释放；④ 实参和形参的类型要相同或赋值兼容。

【例 7-2】 使用函数实现两个数的交换（chp7_2.c），程序输出见图 7-2。图 7-3 为程序在执行过程中，函数调用前、调用时和调用后实参和形参值的变化情况，可以看出本例只是交换了形参变量的值，实参变量的值没有发生变化。

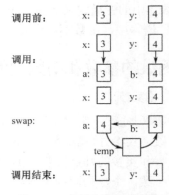

图 7-3　参数内存值的变化

交换前：x=3，　y=4
交换后：x=3，　y=4

图 7-2　两个数的交换

```
#include <stdio.h>
#include <stdlib.h>
swap(int a,int b)
{
    int   temp;
    temp=a;
    a=b;
```

```
            b=temp;
    }
    int main()
    {
        int    x=3, y=4;
        printf("交换前：x=%d, \ty=%d\n", x, y);
        printf("\n");
        swap(x, y);
        printf("交换后：x=%d, \ty=%d\n", x, y);
        return 0;
    }
```

3．函数返回值

函数结束执行返回主调函数有以下两种途径：① 执行完函数的最后一条语句之后，函数的执行终止，返回到主调函数；② 使用 return 语句。

当函数类型为基本类型时，在函数定义时，函数体中必须包含 return 语句，以使程序控制从被调用函数返回到调用函数中，同时把值返回给调用函数。return 语句的形式如下：

    return(表达式);

或　　**return** 表达式;

或　　**return**;

使用 return 语句需要注意：① 函数中可有多个 return 语句；② 若无 return 语句，遇"}"时，自动返回调用函数；③ 若函数类型与 return 语句中表达式值的类型不一致，按前者为准，自动转换——函数调用转换；④ void 型函数不用返回值。

【例 7-3】 使用函数，计算两个数的最大值（chp7_3.c）。

```
    #include <stdio.h>
    #include <stdlib.h>
    int max(float x, float y)
    {
        float    z;
        z=x>y?x:y;
        return(z);
    }
    int main()
    {
        float    a, b;
        int    c;
        scanf("%f, %f", &a, &b);
        c=max(a, b);
        printf("最大值为：%d\n", c);
        return 0;
    }
```

程序输出见图 7-4。

图 7-4　最大值

在程序中，函数 max()的返回值类型 int 与 return 语句中表达式的类型 float 不一致，将float 类型转换为 int 类型并返回。

7.1.3　函数的调用

1．函数调用形式

在一个函数中，可以按照一定的语法格式使用另一个函数，这称为函数的调用。前者被称为主调函数，后者被称为被调函数。主调函数通过函数调用向被调函数传递数据，并把控制权转交给被调函数；被调函数在完成自己的任务后，将结果返回给主调函数并交回控制权。

函数调用的一般形式如下：

　　　　函数名(实参列表);

实参的值由主调函数传递给被调函数的形参，实参列表包括多个实参时，各参数间用"，"隔开。实参与形参必须个数相等，类型一致，按顺序一一对应。

2．函数调用方式

一般有以下三种函数调用方式。① 函数语句。例如：

　　　　max();

② 函数表达式。例如：

　　　　m=max(a, b)*2;

③ 函数参数。例如：

```
printf("%d", max(a, b));
m=max(a, max(b, c));
```

3．函数声明

C 语言中的被调用函数，必须是已存在的函数：① 如果被调函数为库函数，则在程序开头添加包含头文件命令#include <*.h>；② 如果被调函数为用户自定义函数，要有函数声明。若被调用函数定义在主函数之前，可不作函数说明。

函数声明的一般形式如下：

　　　　函数类型　函数名(形参类型 [形参名], …);

　　或　函数类型　函数名();

函数声明的作用是，告诉编译系统函数类型、参数个数及类型，以便检验。函数声明要放在程序的数据说明部分（函数内或外）。

下面情况可不需函数声明：① 如果函数返回值是 char 或 int 类型，系统自动按 int 类型处理时；② 被调用函数定义出现在主调函数之前时。

【例 7-4】　被调函数在主函数后时，需要有函数说明（chp7_4.c）。

```
#include <stdio.h>
#include <stdlib.h>
int main()
{
    float    add(float x, float y);              /* 函数声明 */
    float    a, b, c;
```

```
        scanf("%f, %f", &a, &b);
        c=add(a, b);
        printf("sum is %f", c);
        return 0;
    }
    float add(float x, float y)
    {
        float   z;
        z=x+y;
        return(z);
    }
```

在例 7-4 中，当 add()函数放在 main()函数前时，不用函数声明；当 add()函数的返回值为 int 类型时，也不用函数声明。

7.1.4　函数的嵌套和递归调用

在 C 语言中，任何一个函数都可以调用其他函数，甚至调用它本身，main()函数除外。一个函数被调用过程中又调用另一个函数称为函数的嵌套调用；如果一个函数直接或间接调用自身，称为函数的递归调用。

1. 嵌套调用

在 C 语言中，函数定义不可嵌套，但可以嵌套调用函数。在下面的例 7-5 中，程序从 main()函数开始执行，在执行过程中调用了 sub()函数，sub()函数又调用了 max()和 min()函数；sub()函数接收 main()函数传递过来的 a、b 和 c 的值，计算最大值和最小值的差后，将结果返回给 main()函数；max()函数和 min()函数被调用时，接收来自 sub()函数传递过来的 x、y 和 z 的值，计算最大值和最小值后，将结果返回给 sub()函数。具体的函数调用过程如图 7-5 所示。

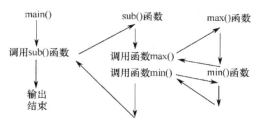

图 7-5　例 7-5 函数调用过程

【例 7-5】　求三个数中最大值与最小值的差（chp7_5.c）。

```
#include <stdio.h>
#include <stdlib.h>
int sub(int x, int y, int z);
int max(int x, int y, int z);
int min(int x, int y, int z);
int main()
{
    int   a, b, c, d;
    printf("输入三个数（逗号间隔），求最大值与最小值的差: ");
```

```
        scanf("%d, %d, %d", &a, &b, &c);
        d=sub(a, b, c);
        printf("最大值-最小值=%d\n", d);
        return 0;
    }
    int sub(int x,int y,int z)
    {
        return max(x, y, z)-min(x, y, z);
    }
    int max(int x, int y, int z)
    {
        int   r;
        r=x>y?x:y;
        return(r>z?r:z);
    }
    int min(int x, int y, int z)
    {
        int   r;
        r=x<y?x:y;
        return(r<z?r:z);
    }
```

输出结果见图 7-6。

输入三个数（逗号间隔），求最大值与最小值的差：5,4,6
最大值-最小值=2

图 7-6   函数嵌套调用

2. 递归调用

在 C 语言中，一个函数能直接调用自身或通过其他函数间接调用自身的过程称为函数的递归调用。例如，f1()是直接调用自身的递归调用：

```
    int f1(int x)
    {
        int   y, z;
        ……
        z=f1(y);                        // 直接调用自身
        ……
        return(2*z);
    }
```

例如，f2()和 f3()是间接调用自身的递归调用：

```
    int f2(int x)
    {
        int   y, z;
        ……
        z=f3(y);
        ……
        return(2*z);
```

```
    }
    int f3(int t)
    {
        int a,c;
        ......
        c=f2(a);
        ......
        return(3+c);
    }
```

【例 7-6】 计算 $n!$（chp7_6.c），程序输出见图 7-7。程序使用了函数的递归调用输出 $n!$。

```
    #include <stdio.h>
    #include <stdlib.h>
    int fac(int n)
    {
        int   f;
        if(n<0)
            printf("输入错误!");
        else if(n==0 || n==1)
            f=1;
        else
            f=fac(n-1)*n;
        return(f);
    }
    int main()
    {
        int   n, y;
        printf("输入一个整数: ");
        scanf("%d", &n);
        y=fac(n);
        printf("%d! =%d", n, y);
        return 0;
    }
```

图 7-7　函数的递归调用

7.1.5　变量的作用域

变量的作用域与定义变量的语句在程序中的位置有关。定义变量的基本位置有 3 个：函数内、函数外和函数参数。从变量的作用域看，变量可以分为局部变量和全局变量。

1. 局部变量

在函数内或复合语句内定义的变量称为局部变量，函数的形参也是局部变量。局部变量的作用域只在本函数内或复合语句内有效。

关于局部变量的几点说明：① main()函数中定义的变量只在 main()函数中有效；② 不同函数中的同名变量，占不同内存单元；③ 形参属于局部变量；④ 定义在复合语句中的变量为局部变量。例如在下面程序段中，a、b 和 c 在函数 f1() 内有效，x、y、i 和 j 在函数 f2() 内有效，m 和 n 在主函数 main() 中有效。

```c
float f1(int a)
{
    int   b, c;
    ……
}
char f2(int x, int y)
{
    int   i, j;
    ……
}
main()
{
    int   m, n;
    ……
}
```

【例 7-7】 不同函数中同名的变量（chp7_7.c）。

```c
#include <stdio.h>
#include <stdlib.h>
sub()
{
    int   a,b;
    a=1;
    b=2;
    printf("sub:a=%d, b=%d\n", a, b);
}
int main()
{
    int a,b;
    a=3;
    b=4;
    printf("main:a=%d, b=%d\n", a, b);
    sub();
    printf("main:a=%d, b=%d\n", a, b);
    return 0;
}
```

程序输出见图 7-8。

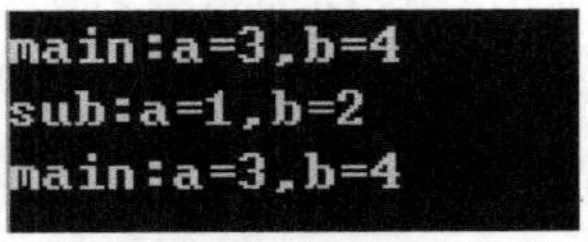

```
main:a=3,b=4
sub:a=1,b=2
main:a=3,b=4
```

图 7-8　不同函数中同名的变量

从输出结果可以看出，在主函数 main() 和 sub() 函数中有同名的局部变量 a、b，它们属于不同的变量，占用不同的内存单元。

【例 7-8】 将一组数据倒序输出。在复合语句中定义了局部变量 temp（chp7_8.c）。

```
#include <stdio.h>
#include <stdlib.h>
int main()
{
    int   i;
    int   a[5]={1,2,3,4,5};
    for(i=0; i<5/2; i++)
    {
        int temp;
        temp=a[i];
        a[i]=a[5-i-1];
        a[5-i-1]=temp;
    }
    for(i=0; i<5; i++)
        printf("%d    ", a[i]);
    printf("\n");
}
```

程序输出见图 7-9。

图 7-9　复合语句中的局部变量

2. 全局变量

在函数外定义的变量称为全局变量。全局变量的作用域是从变量定义的地方开始直至整个源程序文件结束为止。如果要在全局变量的有效范围之外的地方使用全局变量，要使用关键字 extern 声明引用这个全局变量，在声明引用全局变量的同时，可以更改全局变量的值，声明形式如下：

　　　　extern　数据类型　变量列表;

使用全局变量，需要注意：① 一个全局变量只能定义一次，但是可声明多次；② 全局变量的定义在所有函数之外，但是声明可在函数内或函数外；③ 全局变量定义后，为其分配内存，并可初始化；但是全局变量的声明不再分配内存，也不可初始化；④ 若全局变量与局部变量同名，则全局变量被屏蔽。

【例 7-9】 使用全局变量计算两个数的最大值（chp7_9.c），程序输出如图 7-10。程序结尾定义了两个全局变量 a 和 b，在 main()函数中对全局变量 a 和 b 进行了声明，将 a 和 b 的作用域扩展到 main()函数内。

图 7-10　全局变量定义与声明

```
#include <stdio.h>
#include <stdlib.h>
int max(int   x, int y)
{
```

```
        int    z;
        z=x>y?x:y;
        return(z);
    }
    int main()
    {
        extern int    a, b;                    // 全局变量的声明
        printf("max=%d", max(a, b));
        return 0;
    }
    int    a=13, b=-8;                         // 全局变量的定义与初始化
```

【例 7-10】 全局变量与局部变量同名（chp7_10.c）。

```
    #include <stdio.h>
    #include <stdlib.h>
    int    a=3, b=5;                           // 全局变量
    max(int    a, int b)
    {
        int    c;
        c=a>b?a:b;
        return(c);
    }
    void main()
    {
        int    a=8;                            // 局部变量
        printf("max=%d\n",max(a,b));
    }
```

程序输出见图 7-11。

图 7-11　全局变量与局部变量同名

在例 7-10 中，全局变量 a 与主函数 main()内的局部变量同名，此时的全局变量 a 被屏蔽，由主函数 main()调用 max()函数时，实参 a 的值应该为 8，所以形参 a 的值也为 8，最大值等于 8。

全局变量在程序全部执行过程中占用存储单元，降低了函数的通用性、可靠性，可移植性，降低了程序清晰性，容易出错，所以应尽量少用全局变量。

7.1.6　变量的存储方式和生存期

变量的最大特点是占用内存，由计算机根据需要给变量分配存储空间。变量的存储方式包含两种：静态存储、动态存储。

静态存储是指程序运行期间由系统分配固定存储空间，静态分配存储空间的变量称为静态变量。静态变量的作用域为程序开始执行到程序结束。

动态存储是指程序运行期间根据需要动态分配存储空间，动态分配存储空间的变量为动态变量。动态变量的作用域为包含该变量定义的函数开始执行至函数执行结束。

C 语言的存储类别有两种：自动类和静态类。自动类是局部变量默认的存储类别，全局变量是静态类。

　　在程序执行过程中，程序和数据在内存中存放的区域是有一定规定的。供用户使用的存储空间大致分为 3 部分：程序区、静态存储区和动态存储区。

　　程序区：存放程序的可执行代码模块。

　　静态存储区：存放所有的全局变量以及标明为静态类别的局部变量。

　　动态存储区：存放的数据包括形参变量、局部动态变量和函数调用现场保护和返回地址等。

　　C 语言有 4 个与两种存储类别相关的说明符：auto（自动）、register（寄存器）、static（静态）和 extern（外部）。

　　按照计算机给变量分配存储空间的方式，变量可以分为 3 类：auto（自动）变量、static（静态）变量和 register（寄存器）变量。变量在存储方式、存储类别、生存期等方面的特点如表 7-1 所示。

表 7-1　变量类型与变量的存储方式等特性

存储类别	局部变量			全局变量	
	auto	register	static	static 全局	全局（extern）
存储方式	动态			静态	
存储区	动态存储区	寄存器		静态存储区	
生存期	函数调用开始至结束			程序整个运行期间	
作用域	定义变量的函数和复合语句内			本文件	其他文件
赋初值	每次函数调用时			编译时赋初值，只赋值一次	
未赋初值	不确定			自动赋初值 0 和空字符	

　　其中：① 局部变量默认为 auto 型；② 局部 static 变量具有全局寿命和局部可见性；③ 局部 static 变量具有可继承性（可以用上次函数调用结束时的值）；④ extern 不是变量定义，可扩展全局变量的作用域。

　　例如在下面的程序段中，a 的作用域从定义开始至程序结束，b 的作用域在函数 f1() 内，c 的作用域在 f2 函数内。a、b 和 c 的生存期如图 7-12 所示。

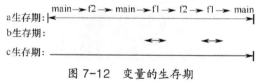

图 7-12　变量的生存期

```
int   a;
main( )
{
    ......
    f2;
    ......
    f1;
    ......
}
f1( )
{
```

```
        auto int b;
        ......
        f2;
        ......
    }
    f2( )
    {
        static int   c;
        ......
    }
```

【例 7-11】 auto 变量的作用域（chp7_11.c）。

```
#include <stdio.h>
#include <stdlib.h>
int main()
{
    int   x=1;
    void p(void);
    {
        int   x=2;
        p();
        printf("复合语句内局部变量 x=%d\n", x);
    }
    printf("main()函数中局部变量 x=%d\n", x);
    return 0;
}
void p(void)
{
    int   x=3;
    printf("函数 p()中局部变量 x=%d\n", x);
}
```

程序输出见图 7-13。

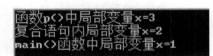

图 7-13　auto 变量的作用域

7.2　增量式项目驱动

根据第 2 章 LED 数码管的介绍，本章实现"用函数封装数字的显示过程"，参考代码见增量 6，实现了将不同的功能用函数封装实现。图 7-14 为增量 6-1～增量 6-3 的输出结果示例，图 7-15 为增量 6-4 的输出结果示例。

〖增量 6-1〗 函数封装：数字 0～9 的数字显示。

```
#include <stdio.h>                    /* 包含输入输出所需要的库函数的头文件 */
#include "PrintLED.h"                 /* 包含显示 LED 用的 PrintLED 所在库文件 */
```

图 7-14 函数调用输出示例

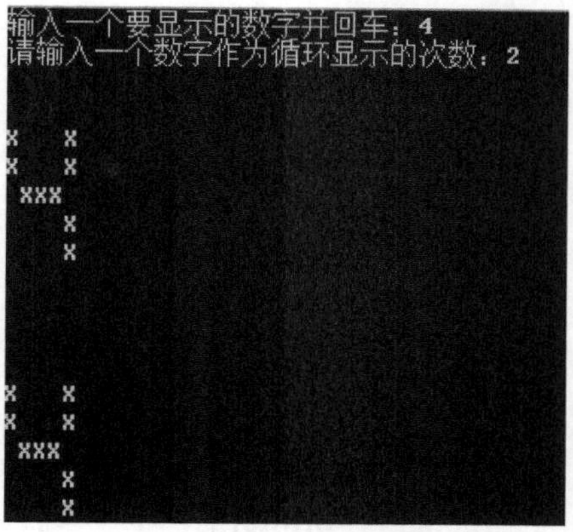

图 7-15 循环显示数字输出示例

```
#define        LED   int                          /* 定义 LED 宏 */
void print0();
void print1();
void print2();
void print3();
void print4();
void print5();
void print6();
void print7();
void print8();
void print9();
int main()
{
    char   Input;                                 /* 保存输入用的变量 */
    printf("输入一个要显示的数字并回车: ");        /* 输出提示语句 */
    Input = getchar();                            /* 保存输入到变量 */
    switch (Input)                                /* 以字符类型变量作为条件 */
    {
        case '0':                                 /* 字符需要单引号 */
            print0();
            break;
        case '1':
            print1();
            break;
        case '2':
            print2();
          break;
        case '3':
            print3();
            break;
        case '4':
            print4();
            break;
        case '5':
            print5();
```

```
                break;
        case '6':
                print6();
                break;
        case '7':
                print7();
                break;
        case '8':
                print8();
                break;
        case '9':
                print9();
                break;
        default:
                printf("error.\n");
                break;
    }
    return 0;
}
void print0()
{
    PrintLED(1, 1, 1, 1, 1, 1, 0);
    return;
}
void print1()
{
    PrintLED(0, 1, 1, 0, 0, 0, 0);
    return;
}
void print2()
{
    PrintLED(1, 1, 0, 1, 1, 0, 1);
    return;
}
void print3()
{
    PrintLED(1, 1, 1, 1, 0, 0, 1);
    return;
}
void print4()
{
    PrintLED(0, 1, 1, 0, 0, 1, 1);
    return;
}
void print5()
{
    PrintLED(1, 0, 1, 1, 0, 1, 1);
```

```
            return;
        }
        void print6()
        {
            PrintLED(1, 0, 1, 1, 1, 1, 1);
            return;
        }
        void print7()
        {
            PrintLED(1, 1, 1, 0, 0, 0, 0);
            return;
        }
        void print8()
        {
            PrintLED(1, 1, 1, 1, 1, 1, 1);
            return;
        }
        void print9()
        {
            PrintLED(1, 1, 1, 1, 0, 1, 1);
            return;
        }
```

〖增量 6-2〗 函数实现：根据用户的输入，显示 0~9 之间的数字。

```
    #include <stdio.h>                        /* 包含输入输出所需要的库函数的头文件 */
    #include "PrintLED.h"                      /* 包含显示 LED 用的 PrintLED 所在库文件 */
    #define        LED    int                  /* 定义 LED 宏 */
    void print( LED num);
    int main()
    {
        int    Input;                          /* 保存输入用的变量 */
        printf("输入一个要显示的数字并回车: "); /* 输出提示语句 */
        /* 保存输入到变量 */
        Input = getchar()-'0';                 /* 获取输入并转换为从 0 开始的整数 */
        if (Input >= 0 && Input < 10)
        {
            print(Input);
        }
        else
        {
            printf("error.\n");
        }
        return 0;
    }
    void print( LED num)
    {   /* 定义 LED 的 8 个段 */
        LED Led_1;
        LED Led_2;
```

```c
LED Led_3;
LED Led_4;
LED Led_5;
LED Led_6;
LED Led_7;
switch (num)                            /* 以整数作为条件 */
{
    case 0:                             /* 设置为 0 */
        Led_1 = 1;
        Led_2 = 1;
        Led_3 = 1;
        Led_4 = 1;
        Led_5 = 1;
        Led_6 = 1;
        Led_7 = 0;
        break;
    case 1:                             /* 设置为 1 */
        Led_1 = 0;
        Led_2 = 1;
        Led_3 = 1;
        Led_4 = 0;
        Led_5 = 0;
        Led_6 = 0;
        Led_7 = 0;
        break;
    case 2:                             /* 设置为 2 */
        Led_1 = 1;
        Led_2 = 1;
        Led_3 = 0;
        Led_4 = 1;
        Led_5 = 1;
        Led_6 = 0;
        Led_7 = 1;
        break;
    case 3:                             /* 设置为 3 */
        Led_1 = 1;
        Led_2 = 1;
        Led_3 = 1;
        Led_4 = 1;
        Led_5 = 0;
        Led_6 = 0;
        Led_7 = 1;
        break;
    case 4:                             /* 设置为 4 */
        Led_1 = 0;
        Led_2 = 1;
        Led_3 = 1;
```

```
            Led_4 = 0;
            Led_5 = 0;
            Led_6 = 1;
            Led_7 = 1;
            break;
        case 5:                              /* 设置为 5 */
            Led_1 = 1;
            Led_2 = 0;
            Led_3 = 1;
            Led_4 = 1;
            Led_5 = 0;
            Led_6 = 1;
            Led_7 = 1;
            break;
        case 6:                              /* 设置为 6 */
            Led_1 = 1;
            Led_2 = 0;
            Led_3 = 1;
            Led_4 = 1;
            Led_5 = 1;
            Led_6 = 1;
            Led_7 = 1;
            break;
        case 7:                              /* 设置为 7 */
            Led_1 = 1;
            Led_2 = 1;
            Led_3 = 1;
            Led_4 = 0;
            Led_5 = 0;
            Led_6 = 0;
            Led_7 = 0;
            break;
        case 8:                              /* 设置为 8 */
            Led_1 = 1;
            Led_2 = 1;
            Led_3 = 1;
            Led_4 = 1;
            Led_5 = 1;
            Led_6 = 1;
            Led_7 = 1;
            break;
        case 9:                              /* 设置为 9 */
            Led_1 = 1;
            Led_2 = 1;
            Led_3 = 1;
            Led_4 = 1;
            Led_5 = 0;
            Led_6 = 1;
```

```
                    Led_7 = 1;
                    break;
                default:                            /* 在以上都不匹配时匹配这个 */
                    Led_1 = 0;
                    Led_2 = 0;
                    Led_3 = 0;
                    Led_4 = 0;
                    Led_5 = 0;
                    Led_6 = 0;
                    Led_7 = 0;
                    break;
            }
            /* 显示 */
            PrintLED( Led_1, Led_2, Led_3, Led_4, Led_5, Led_6, Led_7);
            return;
        }
```

〖增量 6-3〗 函数封装：数字判断及显示。

```
        #include <stdio.h>                          /* 包含输入输出所需要的库函数的头文件 */
        #include "PrintLED.h"                        /* 包含显示 LED 用的 PrintLED 所在库文件 */
        #define LED        int                       /* 定义 LED 宏 */
        int print( LED num);
        int main()
        {
            int   Input;                             /* 保存输入用的变量 */
            printf("输入一个要显示的数字并回车: "); /* 输出提示语句 */
            /* 保存输入到变量 */
            Input = getchar()-'0';                   /* 获取输入并转换为从 0 开始的整数 */
            print(Input);
            return 0;
        }
        int print( LED num)                          /* 参数不正确时返回 1，无错误发生返回 0 */
        {   /* 定义 LED 的 8 个段 */
            LED Led_1;
            LED Led_2;
            LED Led_3;
            LED Led_4;
            LED Led_5;
            LED Led_6;
            LED Led_7;
            switch (num)                             /* 以整数作为条件 */
            {
                case 0:                              /* 设置为 0 */
                    Led_1 = 1;
                    Led_2 = 1;
```

```
            Led_3 = 1;
            Led_4 = 1;
            Led_5 = 1;
            Led_6 = 1;
            Led_7 = 0;
            break;
        case 1:                              /* 设置为 1 */
            Led_1 = 0;
            Led_2 = 1;
            Led_3 = 1;
            Led_4 = 0;
            Led_5 = 0;
            Led_6 = 0;
            Led_7 = 0;
            break;
        case 2:                              /* 设置为 2 */
            Led_1 = 1;
            Led_2 = 1;
            Led_3 = 0;
            Led_4 = 1;
            Led_5 = 1;
            Led_6 = 0;
            Led_7 = 1;
            break;
        case 3:                              /* 设置为 3 */
            Led_1 = 1;
            Led_2 = 1;
            Led_3 = 1;
            Led_4 = 1;
            Led_5 = 0;
            Led_6 = 0;
            Led_7 = 1;
            break;
        case 4:                              /* 设置为 4 */
            Led_1 = 0;
            Led_2 = 1;
            Led_3 = 1;
            Led_4 = 0;
            Led_5 = 0;
            Led_6 = 1;
            Led_7 = 1;
            break;
        case 5:                              /* 设置为 5 */
            Led_1 = 1;
```

```
        Led_2 = 0;
        Led_3 = 1;
        Led_4 = 1;
        Led_5 = 0;
        Led_6 = 1;
        Led_7 = 1;
        break;
    case 6:                          /* 设置为 6 */
        Led_1 = 1;
        Led_2 = 0;
        Led_3 = 1;
        Led_4 = 1;
        Led_5 = 1;
        Led_6 = 1;
        Led_7 = 1;
        break;
    case 7:                          /* 设置为 7 */
        Led_1 = 1;
        Led_2 = 1;
        Led_3 = 1;
        Led_4 = 0;
        Led_5 = 0;
        Led_6 = 0;
        Led_7 = 0;
        break;
    case 8:                          /* 设置为 8 */
        Led_1 = 1;
        Led_2 = 1;
        Led_3 = 1;
        Led_4 = 1;
        Led_5 = 1;
        Led_6 = 1;
        Led_7 = 1;
        break;
    case 9:                          /* 设置为 9 */
        Led_1 = 1;
        Led_2 = 1;
        Led_3 = 1;
        Led_4 = 1;
        Led_5 = 0;
        Led_6 = 1;
        Led_7 = 1;
        break;
    default:                         /* 在以上都不匹配时匹配这个 */
```

```
                printf("error.\n");
                return 1;
                break;
        }
        /* 显示 */
        PrintLED(Led_1, Led_2, Led_3, Led_4, Led_5, Led_6, Led_7);
        return 0;
    }
```

〖增量 6-4〗 函数实现：循环显示数字。

```
#include <stdio.h>                    /* 包含输入输出所需要的库函数的头文件 */
#include "PrintLED.h"                 /* 包含显示 LED 用的 PrintLED 所在库文件 */
#define      LED   int                /* 定义 LED 宏 */
int print( LED num, int times);
int main()
{

    int   Input;                      /* 保存输入用的变量 */
    unsigned int   times;             /* 保存输入用的变量 */
    printf("输入一个要显示的数字并回车: ");  /* 输出提示语句 */
    scanf("%d", &Input);              /* 从输入读取一个数字 */
    printf("请输入一个数字作为循环显示的次数: ");
    scanf("%u", &times);              /* 从输入读取一个数字 */
    print( Input, times);
    return 0;
}
int print( LED num, int times)
{   /* 定义 LED 的 8 个段 */
    LED Led_1;
    LED Led_2;
    LED Led_3;
    LED Led_4;
    LED Led_5;
    LED Led_6;
    LED Led_7;
    unsigned int   i;                 /* 循环变量 */
    switch (num)                      /* 以整数作为条件 */
    {
        case 0:                       /* 设置为 0 */
            Led_1 = 1;
            Led_2 = 1;
            Led_3 = 1;
            Led_4 = 1;
            Led_5 = 1;
            Led_6 = 1;
            Led_7 = 0;
            break;
```

```
        case 1:                                /* 设置为 1 */
            Led_1 = 0;
            Led_2 = 1;
            Led_3 = 1;
            Led_4 = 0;
            Led_5 = 0;
            Led_6 = 0;
            Led_7 = 0;
            break;
        case 2:                                /* 设置为 2 */
            Led_1 = 1;
            Led_2 = 1;
            Led_3 = 0;
            Led_4 = 1;
            Led_5 = 1;
            Led_6 = 0;
            Led_7 = 1;
            break;
        case 3:                                /* 设置为 3 */
            Led_1 = 1;
            Led_2 = 1;
            Led_3 = 1;
            Led_4 = 1;
            Led_5 = 0;
            Led_6 = 0;
            Led_7 = 1;
            break;
        case 4:                                /* 设置为 4 */
            Led_1 = 0;
            Led_2 = 1;
            Led_3 = 1;
            Led_4 = 0;
            Led_5 = 0;
            Led_6 = 1;
            Led_7 = 1;
            break;
        case 5:                                /* 设置为 5 */
            Led_1 = 1;
            Led_2 = 0;
            Led_3 = 1;
            Led_4 = 1;
            Led_5 = 0;
            Led_6 = 1;
            Led_7 = 1;
            break;
```

```
        case 6:                          /* 设置为 6 */
            Led_1 = 1;
            Led_2 = 0;
            Led_3 = 1;
            Led_4 = 1;
            Led_5 = 1;
            Led_6 = 1;
            Led_7 = 1;
            break;
        case 7:                          /* 设置为 7 */
            Led_1 = 1;
            Led_2 = 1;
            Led_3 = 1;
            Led_4 = 0;
            Led_5 = 0;
            Led_6 = 0;
            Led_7 = 0;
            break;
        case 8:                          /* 设置为 8 */
            Led_1 = 1;
            Led_2 = 1;
            Led_3 = 1;
            Led_4 = 1;
            Led_5 = 1;
            Led_6 = 1;
            Led_7 = 1;
            break;
        case 9:                          /* 设置为 9 */
            Led_1 = 1;
            Led_2 = 1;
            Led_3 = 1;
            Led_4 = 1;
            Led_5 = 0;
            Led_6 = 1;
            Led_7 = 1;
            break;
        default:
            printf("num error.\n");
            return 1;
            break;
    }
    for ( i = 0; i != times; ++i)
        /* 显示 */
        PrintLED(Led_1, Led_2, Led_3, Led_4, Led_5, Led_6, Led_7);
    return 0;
}
```

本章小结

C 语言是由函数组成的，函数是 C 语言中的基本单位，也是模块化程序设计的重要基础。本章详细介绍了函数的分类、函数的定义和调用、函数参数的类型和实用、变量的作用域和存储方式，通过例子演示了各基本技能的使用方法和需要注意的问题。

通过 LED 数码管"用函数封装数字 0~9 的显示过程"等功能的实现，本章展示了函数在实际项目中的应用。

习 题 7

一、改错

1. 指出并改正下面程序段的错误。

```
double f1(float);
...
f1(float num)
{
    return num*num*num;
}
```

2. 指出并改正下面程序段的错误。

```
void f2(float num)
{
    float   num;
    printf("%f", num);
}
```

3. 下面的程序段中，函数 f1() 的功能是将华氏温度转换为摄氏温度，修改下列程序段的错误。

```
int main()
{
    float   a, b;
    printf("输入华氏温度:");
    scanf("%f", &a);
    b=f1(a);
    printf("摄氏温度为: %f\n", b);
    return 0;
}
float f1(float f)
{
    float   c;
    c=(5.0/9.0)*(f-32);
    return c;
}
```

二、程序填空

4. 下面的程序中，函数 f() 的功能是计算 1-2+3-4+···+9-10+11-12 的值，请填空。

```
int f(int n)
```

```
    {
        int   m=0, f=1, i;
        for(i=1; _____; i++)
        {
            m += i*f;
            f= _____;
        }
        return m;
    }
    int main()
    {
        printf("m=%d\n", _____);
        return 0;
    }
```

5. 下面的函数实现了 x 的 y 次方，请填空。

```
    float f(float x, int y)
    {
        int i;
        float m = 1.0;
        for(i = 1; _____; i++)
            m = _____;
        return m;
    }
```

6. 请在下面程序的第一行处填写适当内容，使程序能正确运行。

```
    _____
    int main()
    {
        int   a, b;
        a=3;
        b=4;
        printf("max=%d", max(a, b));
        return 0;
    }
    int max(int x, int y)
    {
        int   z;
        z=x>y?x:y;
        return(z);
    }
```

三、读程序，分析并写出运行结果

7.
```
    int   a = 0, b = 0;
    void f()
    {
        int   a =5;
        printf("%d, %d\n", a, b);
    }
```

```c
int main()
{
    b=5;
    f();
    printf("%d, %d\n", a, b);
    return 0;
}
```

8.
```c
int f(int n)
{
    static int   m=1;
    m=m*n;
    return m;
}
int main()
{
    int   i;
    for(i=1; i<=5; i++)
        printf("%d\t", f(i));
    return 0;
}
```

9.
```c
int f(int n)
{
    return n;
}
int main()
{
    float   m = 3.14;
    m=f(m);
    printf("%f\t", m);
    return 0;
}
```

10.
```c
int a =10;
void f()
{
    int   a;
    a = 8;
}
int main()
{
    f();
    printf("a=%d", a);
    return 0;
}
```

11.
```c
int f(int i)
{
    int    m = 0;
    i+=m++;
    return i;
}
int main()
{
    int    i;
    i = f(f(1));
    printf("i=%d", i);
    return 0;
}
```

四、编程题

12. 编写函数 f(int n)，判断 n 是否不能被 3 整除但能被 5 整除，并编写主函数 main() 函数调用该函数，输出 1～100 之间所有不能被 3 整除但能被 5 整除的数。

13. 编写函数，要求由实参传来一个字符串，统计此字符串中字母、数字、空格和其他字符的个数，在主函数 main() 中输入字符串以及输出统计结果。

14. 编写判断素数的函数，在主函数 main() 中输入一个整数，输出是否为素数的信息。

15. 编写计算成绩等级的函数，形参为学生成绩，并返回成绩对应的等级，并编写主函数 main()，从键盘输入一个学生的成绩，调用上面的函数计算出该学生成绩的等级，并输出。

16. 编写一个函数判断一个整数是否为"完数"，并编写主函数调用该函数找出 1000 以内所有的完数。一个整数如果恰好等于它的因子之和，该整数即为完数，如 6=1+2+3。

第8章 数 组

✠ **掌握一维数组和二维数组的定义**
✠ **掌握数组赋值和输入输出的方法**
✠ **掌握数组作函数参数的方法**

本章将介绍如何使用数组来处理相同类型的多个数据。在 C 语言中，数组是由相同类型的变量按顺序组成的一种复合数据类型。

8.1 基本技能

本节将介绍一维数组、二维数组等基本知识点，并通过例子使读者掌握数组的使用方法。

8.1.1 数组的分类和定义

如果要在程序中保存所有学生的成绩，可以使用数组。数组是把具有相同数据类型的元素按一定顺序排列的集合，这些集合只有一个名称，其遵循 C 语言标识符命名规则。数组里面的各元素按照下标的序号，被顺序存放到这个集合里面。由于数组是存放数据的集合，根据集合形式的不同，数组可以分为一维数组，二维数组以及多维数组。

1．一维数组的声明

一维数组是最简单的数组，它是一组数据类型相同的元素的集合。要使用一维数组，必须要先对数组进行声明。在对数组进行声明后，编译器会分配一段连续的内存空间用以存放这些元素。声明一维数组的格式如下：

数组类型　数组名[字面常量或符号常量或常量表达式];

"数组类型"是指在数组内所有元素的数据类型；"数组名"是指该数组的名字，其命名规则与变量名相同，遵循标识符命名规则，数组名是只读变量；"字面常量或符号常量或常量表达式"是指数组的个数或长度，表示该数组可以存放多少个元素。**注意**：数组的个数必须是确切的数字，C 语言不允许对数组的大小作动态定义。例如，一维数组的声明如下：

```
int    student[5];          // 声明了可以存放 5 个元素的整数型数组 student
double    score[10];        // 声明了可以存放 10 个元素的双精度浮点型数组 score
char    name[8];            // 声明了可以存放 8 个元素的字符型数组 name
int    a[1+2*3];            // 合法
int    a[n];                // 不合法，数组长度不允许作动态定义
```

假设声明了可以存放 5 个元素的整数型数组 student，操作系统将为数组 student 分配 5 个元素，即 5 个变量，其类型都是 int，每个元素占 4 字节（因为 int 型变量占 4 字节）。数组

名使用下标运算访问它的元素，下标索引从 0 开始，即 student[0]，student[1]，…，student[4]依次是数组 student 中的 5 个元素（5 个 int 型变量），并称之为下标变量。

如果元素 student[0]即变量 student[0]的地址是 1000，那么元素 student[1]的地址就是 1004，以此类推，student[2]的地址是 1008，student[3]的地址是 1012，student[4]的地址是 1016（见表 8-1）。也就是说，数组的首元素（student[0]）的地址最小，尾元素（student[4]）的地址最大（通常将数组所占内存中的首字节的地址号作为该数组的地址）。

表 8-1　数组元素按顺序排列

地址	1000	1004	1008	1012	1016
元素	student[0]	student[1]	student[2]	student[3]	student[4]

在声明一维数组之后，我们可以通过下标索引来访问和修改一维数组的单个元素，例如：

```
student[0]=10;                    // 数组 student[0]的地址里保存的值为 10
printf("%d", student[0]);         // 控制台输出数组 student 的首元素
```

2．一维数组的初始化

定义的数组后，数组应该被初始化，没有初始化的数组是"垃圾值"，不能进行操作。各种初始化的方法如下。

① "{ }"括起的若干个值，值的数量等于数组的长度。例如：

```
int   a[3]={1,2,3};
```

② "{ }"括起的若干个值，值的数量小于数组的长度，那么"{ }"中没有被初始化的数组元素的值默认被初始化为 0。例如：

```
int   a[6] = {1,2,3};             // 等价于：int   a[6]={1,2,3,0,0, 0};
```

③ 初始化时省略数组的长度，长度等于大括号括起的若干个值的数量。例如：

```
int   a[] = {1,2,3};              // 等价于：int   a[3] = {1,2,3};
```

注意： 当初始化时"{ }"括起的若干个值的数量大于数组的长度的时候，codeblocks 会显示警告信息"warning: excess elements in array initializer"，在这种情况下，代码虽然可以执行，但是容易出现不可预期的错误，应该避免初始化时候数量比数组的长度多的情况。

3．查询一维数组的所占内存空间的字节数

C 语言提供了一个关键字 sizeof，可以进行以下操作：① 查询数组所占内存空间的字节个数；② 查询数组单个元素所占内存空间的字节个数；③ 计算数组的大小。

【例 8-1】　查询一维数组的所占内存空间的字节数（chp8_1.c）。

```c
#include <stdio.h>
#include <stdlib.h>
int main()
{
    int a[3];
    printf("%d\n",sizeof(a));        // 查询数组的所占内空间的字节个数，这里的结果为 12
    printf("%d\n",sizeof(a[0])));    // 查询数组单个元素的所占内空间的字节个数，这里的结果为 4
    printf("%d\n",sizeof(a)/ sizeof(a[0]));         // 计算数组的大小，这里的结果为 3
    return 0;
}
```

输出结果见图 8-1。

图 8-1　查询一维数组所占内空间的字节数

4．一维数组的应用

（1）一维数组的输入和输出

一维数组可以通过控制台输入和输出，见例 8-2。

【例 8-2】　一维数组的输入输出（chp8_2.c）。

```c
#include <stdio.h>
#include <stdlib.h>
int main()
{
    int   i, a[3];
    for(i=0;i<3;i++){
        printf("请输入第%d 的值: ", i+1);           /*通过控制台输入数组的各元素*/
        scanf("%d",&a[i]);
    }
    for(i=0;i<3;i++)
        printf("a[%d]=%d \n", i, a[i]);            /*显示数组的各个元素*/
    return 0;
}
```

输出结果见图 8-2。

图 8-2　一维数组的输入输出

（2）求一维数组的最大值，最小值以及平均数

在处理一维数组的时候，求数组的最大值、最小值及平均数是最常被考察的问题。

【例 8-3】　求一维数组的最大值、最小值以及平均数（chp8_3.c）。

```c
#include <stdio.h>
#include <stdlib.h>
int main(){
    int   i, a[10]={10,2,9,18,16,7,4,1,11,12};
    int   max=a[0],min=a[0];                      // 假设数组的首元素为最小值和最大值
    int   sum=0;
    for(i=1; i<10; i++)
    {
        if(max<a[i])                     // 如果当前的最大值比数组第 i 个元素小，那么最大值换为 a[i]
```

```
                max =a[i];
        if(min>a[i])                   // 如果当前的最小值比数组第 i 个元素大，那么最小值换为 a[i]
                min =a[i];
        sum+=a[i];                     // 计算数组的总和
    }
    printf("数组的最大值=%d, 最小值=%d, 平均数=%d\n", max, min, sum/10);
    return 0;
}
```

输出结果见图 8-3。

数组的最大值=18,最小值=1,平均数=8

图 8-3　一维数组的最大值，最小值以及平均数

（3）一维数组的冒泡排序

假设 int 类型的数组 a 中有 5 个元素，值依次是 5、4、3、2、1。对该数组进行排序，使数组中元素的值按从小到大的顺序输出。

冒泡法的主要思想是：从第一个元素开始，对数组中两两相邻的元素进行比较，将值较小的元素放在前面，值较大的元素放在后面，一轮比较完后，一个最大的数沉底成为数组中的最后一个元素，一些较小的数如同气泡一样上浮一个位置。n 个数，经过 n-1 轮比较后完成排序。

对上例 5 个元素进行排序，至少需要 4 次循环。第一次循环把最大的数放到数组的最后面（让最大的数沉入水底），如图 8-4 所示。由于最大的数已经在数组的最后一个元素中，那么只要对数组中剩余的元素再实施上述同样的操作，就可以把第二大的数放入数组的倒数第二个元素中，如图 8-5 所示。以此类推，直到循环结束。

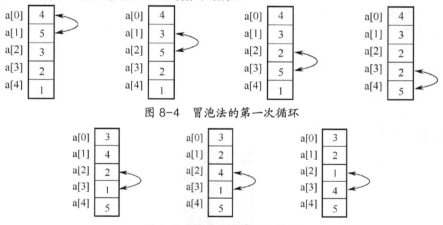

图 8-4　冒泡法的第一次循环

图 8-5　冒泡法的第二次循环

通过以上分析及冒泡法的主要思想可知，冒泡法的排序过程可用如下代码段描述，其中 N 为数组的大小。

```
for(i=0; i<N; i++)
{
    for(j=0; j<N-i-1; j++)
    {
        if(a[j]>a[j+1])
        {
```

```
                temp=a[j];                          // temp 需要定义
                a[j]=a[j+1];
                a[j+1]=temp;
            }
        }
    }
```

【例 8-4】 用冒泡法对数组进行排序（chp8_4.c）。

```c
#include <stdio.h>
#include <stdlib.h>
int main()
{
    int   i, j, temp, a[5]={5,4,3,2,1};
    for(i=0; i<5; i++)
    {
        for(j=0; j<5-i-1; j++)
        {
            if(a[j]>a[j+1])
            {
                temp=a[j];
                a[j]=a[j+1];
                a[j+1]=temp;
            }
        }
    }
    printf("排序后：\n");
    for(i=0; i<5; i++)
    {
        printf("第 a[%d]=%d\n",i,a[i]);
    }
    return 0;
}
```

输出结果见图 8-6。

图 8-6　一维数组的冒泡法排序

（4）一维数组的选择排序

同样的问题：假设 int 类型数组 a 中有 5 个元素，值依次是 5、4、3、2、1，对该数组进行排序，使数组中元素的值按从小到大顺序输出。

选择排序的主要思想是：每趟从待排序的数据元素中选出最小（或最大）的一个元素，顺序放在已排好序的数列的最后，直到全部待排序的数据元素排完为止。

由选择排序主要思想，可得选择排序的主要实现代码如下，其中 N 为数组的大小，min 为最小值，pos 为找到最小值的位置。

```
for(i=0; i<N; i++)
{
    min=a[i];
    for(j=i; j<N; j++)
    {
        if(min>=a[j])
        {
            min=a[j];
            pos=j;
        }
    }
    a[pos]=a[i];
    a[i]=min;
}
```

【例 8-5】 用选择法对数组进行排序（chp8_5.c）。

```
#include <stdio.h>
#include <stdlib.h>
int main()
{
    int   i, j, min, pos, a[5]={5,4,3,2,1};
    for(i=0; i<5; i++)
    {
        min=a[i];
        for(j=i; j<5; j++)
        {
            if(min>=a[j])
            {
                min=a[j];
                pos=j;
            }
        }
        a[pos]=a[i];
        a[i]=min;
    }
    printf("排序后：\n");
    for(i=0; i<5; i++)
    {
        printf("第 a[%d]=%d\n", i, a[i]);
    }
    return 0;
}
```

输出结果见图 8-7。

图 8-7　一维数组的选择法排序

（5）一维数组的二分法查找

二分查找的基本思想是：先将数组按一定顺序排序，假设按照从小到大排序，并确定该区间的中点位置，然后将待查的 K 值与 R[mid].key 比较：若相等，则查找成功并返回此位置，否则需确定新的查找区间，继续二分查找。具体方法如下：

① 若 R[mid].key>K，则由表的有序性可知 R[mid..n].keys 均大于 K，因此若表中存在关键字等于 K 的结点，则该结点必定是在位置 mid 左边的子表 R[1..mid-1]中，故新的查找区间是左子表 R[1..mid-1]。

② 类似地，若 R[mid].key<K，则要查找的 K 必在 mid 的右子表 R[mid+1..n]中，即新的查找区间是右子表 R[mid+1..n]。下一次查找是针对新的查找区间进行的。

因此，从初始的查找区间 R[1..n]开始，每经过一次与当前查找区间的中点位置上的结点关键字的比较，就可确定查找是否成功，若不成功，则当前的查找区间就缩小一半。这一过程重复直至找到关键字为 K 的元素，或者直至当前的查找区间为空时为止，即查找失败。

【例 8-6】　二分法查找（chp8_6.c）。

```c
#include <stdio.h>
#include <stdlib.h>
int main()
{
    int    a[]={2,3,5,6,7,8,9,45,46,47,48,49,50};
    int    length=sizeof(a)/sizeof(a[0]);

    int    low=0;
    int    high=length-1;
    int    middle=0;

    int    i=0, tag=0, n;
    printf("array content:\n");
    for(i=0; i<length; i++)
    {
        printf("%4d", a[i]);
    }
    printf("\n search num : ");
    scanf("%d", &n);

    while(low<=high)
    {
        middle=(low+high)/2;
        if(n==a[middle])
        {
```

```
                    tag=1;                  // 数组中包含该元素，设置标志位为 1
                    break;
                }
                else if(n>a[middle])
                {
                    low=middle+1;
                }
                else
                {
                    high=middle-1;
                }
            }
            if(tag)
                printf(" 要查找的数：%d，下标为：%d",n,middle);
            else
                printf("not fond!\n");

            return 0;
        }
```

输出结果见图 8-8。

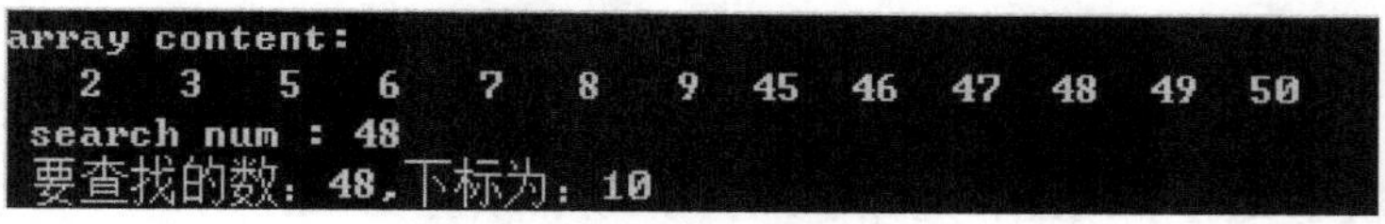

```
array content:
  2   3   5   6   7   8   9  45  46  47  48  49  50
search num : 48
要查找的数：48,下标为：10
```

图 8-8　二分法查找

8.1.2　二维数组

1. 二维数组的声明和初始化

以二维数组 int a[2][3]的声明为例，数组 a 包含 2×3（6）个 int 类型变量。定义二维数组与定义一维数组类似，包括数组名、数组的类型和数组含有的元素的个数。声明二维数组的格式如下：

数组类型　数组名[行数][列数];

实际上，一个二维数组是由一维数组所构成的。例如，上述二维数组 a 由 2 个一维数组所组成，这 2 个一维数组的数组名分别是 a[0]和 a[1]，这 2 个一维数组各有 3 个元素。图 8-8 把数组 a 以表格的形式展现。

a[0][0]	a[0][1]	a[0][2]
a[1][0]	a[1][1]	a[1][2]

图 8-9　二维数组的形式

由于二维数组地址是按照一行一行的顺序排列，也可以把这个二维数组看成一个大小为 6 的一维数组。对二维数组的初始化与一维数组不同，在定义二维数组的同时可以按行初始化，也可以逐个对元素进行初始化，具体初始方法如下。

① 按行初始化。例如：

int　a[3][4] = {{1,2,3,4},{5,6,7,8},{9,10,11,12}};

格式如下：

　　　数组类型　数组名[行数][列数]={{第一行数据元素}, {第二行数据元素}, …, {第 *n* 行数据元素}};

最外层"{ }"包含的成对"{ }"（负责初始化二维数组中每行对应的一维数组）的数目如果小于二维数组的行数，那么二维数组中剩余行数中的元素都被初始化 0。

② 逐个初始化。例如：

　　　int　a[3][4] = {1, 2, 3, 4, 5, 6, 7, 8, 9, 10, 11, 12};

如果"{ }"中元素值的个数少于二维数组总的数据元素个数，则剩余二维数组元素的值默认被初始化为 0。例如：

　　　int　a[3][4] = {1, 2, 3, 4, 5, 6, 7};

等价于

　　　int　a[3][4] = {1, 2, 3, 4, 5, 6, 7, 0, 0, 0, 0, 0};

例如：

　　　int　a[3][4] = {{1,2},{5}};

等价于

　　　int　a[3][4] = {{1,2,0,0},{5,0,0,0},{0,0,0,0}};

③ 初始化时省略二数组的行数。例如：

　　　int　a[][4] = {{1,2,3,4}, {5,6,7,8}, {9,10,11,12}, {13,14,15,16}};

等价于

　　　int　a[4][4] = {{1,2,3,4}, {5,6,7,8}, {9,10,11,12}, {13,14,15,16}};

2．二维数组的输入和输出

【例 8-7】 通过键盘输入 4 个学生的 3 门功课的成绩，并按顺序输出这些成绩（chp8_7.c）。

```c
#include <stdio.h>
#include <stdlib.h>
int main()
{
    double   score[4][3];
    int   i, j;
    for(i=0; i<4; i++)
    {
        printf("输入第%d 个学生的成绩：\n", i+1);
        for(j=0; j<3; j++)
        {
            printf("输入第%d 门功课的成绩:", j+1);
            scanf("%lf", &score[i][j]);
        }
    }
    printf("\n 学生成绩表\n");
    for(i=0; i<4; i++)
    {
        for(j=0; j<3; j++)
            printf("%.2lf\t", score[i][j]);
```

```
            printf("\n");
        }
        return 0;
    }
```

输出结果见图 8-10。

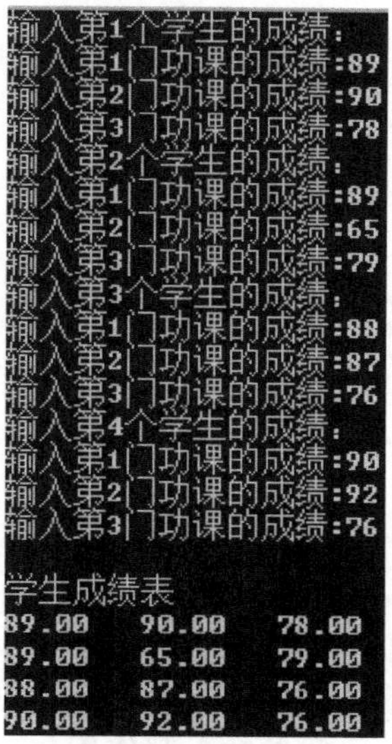
输入第1个学生的成绩:
输入第1门功课的成绩:89
输入第2门功课的成绩:90
输入第3门功课的成绩:78
输入第2个学生的成绩:
输入第1门功课的成绩:89
输入第2门功课的成绩:65
输入第3门功课的成绩:79
输入第3个学生的成绩:
输入第1门功课的成绩:88
输入第2门功课的成绩:87
输入第3门功课的成绩:76
输入第4个学生的成绩:
输入第1门功课的成绩:90
输入第2门功课的成绩:92
输入第3门功课的成绩:76

学生成绩表
89.00 90.00 78.00
89.00 65.00 79.00
88.00 87.00 76.00
90.00 92.00 76.00

图 8-10　二维数组的输入和输出

3．二维数组的行列转换

二维数组的行列转换就是将一个二维数组的行和列元素互换,存放到另一个二维数组中。

【例 8-8】 二维数组的行列转换（chp8_8.c）。

```
#include <stdio.h>
#include <stdlib.h>
int main()
{
    int  a[3][4]={{1,2,3},{4,5,6}};
    int  b[4][3];
    int  i, j;
    for(i=0; i<2; i++)
    {
        for(j=0; j<3; j++)
        {
            printf("%d ",a[i][j]);                    // 显示二维数组原本结果
            b[j][i]=a[i][j];                          // 行列进行转换
        }
        printf("\n");
    }
    printf("数组置换:\n");
    for(i=0; i<3; i++)
    {
        for(j=0; j<2; j++)
        {
```

```
                printf("%d ", b[i][j]);                    // 显示二维数组置换结果
            }
            printf("\n");
        }
        return 0;
    }
```

输出结果见图 8-11。

图 8-11　二维数组的行列转换

8.1.3　数组作为函数参数

1. 一维数组作为函数参数

前面讨论了函数的定义及调用，C 语言中函数参数的传递有值传递和地址传递两种形式，而数组作为函数参数时，既可以按值传递，也可以按地址传递。其中，按值传递是把数组元素（下标变量）作为参数；按地址传递是把数组名作为函数的参数。

① 数组元素（下标变量）作为函数参数：其作用与普通变量完全相同。在函数调用过程中，把作为实参的数组元素的值传送给形参，能实现单向的值传送。

【例 8-9】　判别一个整数数组中各元素的值，若大于等于 60，则输出"成绩及格"，否则输出"成绩不及格"（chp8_9.c）。

```
    #include <stdio.h>
    #include <stdlib.h>
    void result(int num,int score)
    {
        if(score>=60)
            printf("%d 的成绩及格\n", num);
        else
            printf("%d 的成绩不及格\n", num);
    }
    int main()
    {
        int   a[5]={67,78,56,46,89};
        int   i;
        for(i=0;i<5;i++){
            result(i, a[i]);
        }
        return 0;
    }
```

输出结果见图 8-12。

② 数组名作函数参数，函数的定义格式如下：

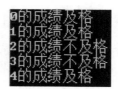

图 8-12 一维数组的数组元素传递

```
数据类型　函数名(数据类型　数组名[]);                    // 函数声明
......
数据类型　函数名(数据类型　数组名[])
{
    ......
}
```

"数组名"作为函数的参数时，在函数声明和定义函数时可以不提供数组元素的长度，这时传递的是数组元素的首地址。

【例 8-10】 修改例 8-9，把数组名作为函数的形参，判断一个整数数组中各元素的值，若大于等于 60，则输出"成绩及格"，否则输出"成绩不及格"（chp8_10.c）。输出结果同图 8-12。

```
#include <stdio.h>
void result(int scores[],int num);          // 函数声明必须定义为参数是一个数组
int main()
{
    int    a[5]={67,78,56,46,89};
    result(a,5);                            // 函数调用时只需传递数组名
    return 0;
}
// 在函数定义中，形参的类型必须与数组的相同，数组的大小不必指定
void result(int scores[],int num)
{
    int    i;
    for(i=0; i<num; i++)
    {
        if(scores[i]>=60)
            printf("%d 的成绩及格\n", i);
        else
            printf("%d 的成绩不及格\n", i);
    }
}
```

2．二维数组作函数参数

二维数组名作为函数参数的格式如下：

```
数据类型　函数名(数据类型　数组名[][列数]);              // 函数声明
......
数据类型　函数名(数据类型　数组名[][列数]){
    ......
}
```

二维数组作为函数参数时，可以不指定第一维长度，但必须指定第二维长度，即列数。

【例 8-11】 计算二维数组各元素的总和（chp8_11.c）。

```c
#include <stdio.h>
// 定义数组的列数和行数
#define     ROW    3
#define     COL    3
double sum(double scores[][COL]);              // 函数声明，必须指定数组第二个维的大小
int main()
{
    double a[3][3]={{67,78,56},{46,89,77},{67,84,57}};
    printf("总分=%.2lf\n",sum(a));             // 函数调用时只需传递数组名
    return 0;
}
// 在函数定义中必须使用两个[ ]，以表明数组为二维的
double sum(double scores[][COL]){
    int   i, j;
    double   total=0;
    for(i=0; i<ROW; i++)
    {
        for(j=0; j<COL; j++)
        {
            total+=scores[i][j];
        }
    }
    return total;
}
```

输出结果见图 8-13。

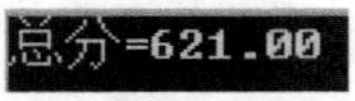

总分=621.00

图 8-13　求二维数组各元素的总和

8.2　增量式项目驱动

根据第 2 章的介绍，本章实现了"用数组保存和打印数字 0~9"的功能，参考代码可见增量 8-1 和增量 8-2，其运行结果显示为图 8-14 和图 8-15。其中，数组可以实现保存显示日志，只不过保存的内容暂时存于计算机内存中，程序退出后该日志就丢失了。

〖增量 8-1〗 用数字 0~9 对数组初始化，并按顺序打印数字 0~9。

```c
#include <stdio.h>                     // 包含输入输出所需要的库函数的头文件
#include "PrintLED.h"                  // 包含显示 LED 用的 PrintLED 所在库文件
#define        LED   int               // 定义 LED 宏
void print( LED num);
int main()
{
    LED led_array[10] = {1, 2, 3, 4, 5, 6, 7, 8, 9, 0};    // 显示数组中的多个
    int   i;
    for (i = 0; i != 10; ++i) {
```

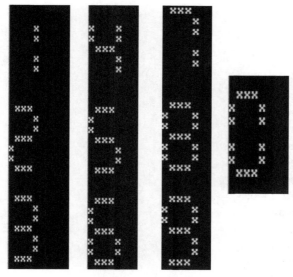

图 8-14　显示所有数字示例图（从左到右）

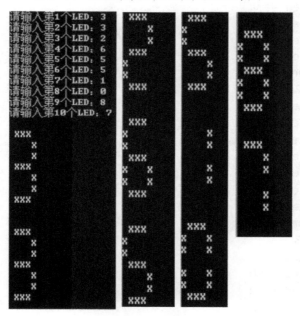

图 8-15　打印随机存储的数字（从左到右）

```
        print(led_array[i]);
    }
    return 0;
}
void print(LED num)
{   /* 定义 LED 的 8 个段 */
    LED Led_1;
    LED Led_2;
    LED Led_3;
    LED Led_4;
```

```
LED Led_5;
LED Led_6;
LED Led_7;
switch(num) {                                    /* 以整数作为条件 */
    case 0:                                      /* 设置为 0 */
        Led_1 = 1;
        Led_2 = 1;
        Led_3 = 1;
        Led_4 = 1;
        Led_5 = 1;
        Led_6 = 1;
        Led_7 = 0;
        break;
    case 1:                                      /* 设置为 1 */
        Led_1 = 0;
        Led_2 = 1;
        Led_3 = 1;
        Led_4 = 0;
        Led_5 = 0;
        Led_6 = 0;
        Led_7 = 0;
        break;
    case 2:                                      /* 设置为 2 */
        Led_1 = 1;
        Led_2 = 1;
        Led_3 = 0;
        Led_4 = 1;
        Led_5 = 1;
        Led_6 = 0;
        Led_7 = 1;
        break;
    case 3:                                      /* 设置为 3 */
        Led_1 = 1;
        Led_2 = 1;
        Led_3 = 1;
        Led_4 = 1;
        Led_5 = 0;
        Led_6 = 0;
        Led_7 = 1;
        break;
    case 4:                                      /* 设置为 4 */
        Led_1 = 0;
        Led_2 = 1;
        Led_3 = 1;
        Led_4 = 0;
        Led_5 = 0;
        Led_6 = 1;
```

```
        Led_7 = 1;
        break;
    case 5:                                    /* 设置为 5 */
        Led_1 = 1;
        Led_2 = 0;
        Led_3 = 1;
        Led_4 = 1;
        Led_5 = 0;
        Led_6 = 1;
        Led_7 = 1;
        break;
    case 6:                                    /* 设置为 6 */
        Led_1 = 1;
        Led_2 = 0;
        Led_3 = 1;
        Led_4 = 1;
        Led_5 = 1;
        Led_6 = 1;
        Led_7 = 1;
        break;
    case 7:                                    /* 设置为 7 */
        Led_1 = 1;
        Led_2 = 1;
        Led_3 = 1;
        Led_4 = 0;
        Led_5 = 0;
        Led_6 = 0;
        Led_7 = 0;
        break;
    case 8:                                    /* 设置为 8 */
        Led_1 = 1;
        Led_2 = 1;
        Led_3 = 1;
        Led_4 = 1;
        Led_5 = 1;
        Led_6 = 1;
        Led_7 = 1;
        break;
    case 9:                                    /* 设置为 9 */
        Led_1 = 1;
        Led_2 = 1;
        Led_3 = 1;
        Led_4 = 1;
        Led_5 = 0;
        Led_6 = 1;
        Led_7 = 1;
        break;
    default:                                   /* 在以上都不匹配时匹配这个 */
```

```
                Led_1 = 0;
                Led_2 = 0;
                Led_3 = 0;
                Led_4 = 0;
                Led_5 = 0;
                Led_6 = 0;
                Led_7 = 0;
                break;
        }
        PrintLED(Led_1, Led_2, Led_3, Led_4, Led_5, Led_6, Led_7);      /* 显示 */
        return;
    }
```

〖增量 8-2〗 使用数组随机存储并打印数字 0~9 之间的数字。

```
    #include <stdio.h>                          /* 包含输入输出所需要的库函数的头文件 */
    #include "PrintLED.h"                       /* 包含显示 LED 用的 PrintLED 所在库文件 */
    #define    LED   int                        /* 定义 LED 宏 */
    void print( LED num);
    int main()
    {
        LED   led_array[10];                    /* 将输入保存到数组，再显示出来 */
        int   i;
        for(i = 0; i != 10; ++i)
        {
            printf( "请输入第%d 个 LED： ", i+1);
            scanf("%d", &(led_array[i]));
        }
        for(i = 0; i != 10; ++i)
        {
            print(led_array[i]);
        }
        return 0;
    }
    void print( LED num)
    {   /* 定义 LED 的 8 个段 */
        LED Led_1;
        LED Led_2;
        LED Led_3;
        LED Led_4;
        LED Led_5;
        LED Led_6;
        LED Led_7;
        switch(num)
        {                                       /* 以整数作为条件 */
            case 0:                             /* 设置为 0 */
                Led_1 = 1;
                Led_2 = 1;
```

```
        Led_3 = 1;
        Led_4 = 1;
        Led_5 = 1;
        Led_6 = 1;
        Led_7 = 0;
        break;
    case 1:                                        /* 设置为 1 */
        Led_1 = 0;
        Led_2 = 1;
        Led_3 = 1;
        Led_4 = 0;
        Led_5 = 0;
        Led_6 = 0;
        Led_7 = 0;
        break;
    case 2:                                        /* 设置为 2 */
        Led_1 = 1;
        Led_2 = 1;
        Led_3 = 0;
        Led_4 = 1;
        Led_5 = 1;
        Led_6 = 0;
        Led_7 = 1;
        break;
    case 3:                                        /* 设置为 3 */
        Led_1 = 1;
        Led_2 = 1;
        Led_3 = 1;
        Led_4 = 1;
        Led_5 = 0;
        Led_6 = 0;
        Led_7 = 1;
        break;
    case 4:                                        /* 设置为 4 */
        Led_1 = 0;
        Led_2 = 1;
        Led_3 = 1;
        Led_4 = 0;
        Led_5 = 0;
        Led_6 = 1;
        Led_7 = 1;
        break;
    case 5:                                        /* 设置为 5 */
        Led_1 = 1;
        Led_2 = 0;
        Led_3 = 1;
        Led_4 = 1;
        Led_5 = 0;
```

```
            Led_6 = 1;
            Led_7 = 1;
            break;
        case 6:                                     /* 设置为 6 */
            Led_1 = 1;
            Led_2 = 0;
            Led_3 = 1;
            Led_4 = 1;
            Led_5 = 1;
            Led_6 = 1;
            Led_7 = 1;
            break;
        case 7:                                     /* 设置为 7 */
            Led_1 = 1;
            Led_2 = 1;
            Led_3 = 1;
            Led_4 = 0;
            Led_5 = 0;
            Led_6 = 0;
            Led_7 = 0;
            break;
        case 8:                                     /* 设置为 8 */
            Led_1 = 1;
            Led_2 = 1;
            Led_3 = 1;
            Led_4 = 1;
            Led_5 = 1;
            Led_6 = 1;
            Led_7 = 1;
            break;
        case 9:                                     /* 设置为 9 */
            Led_1 = 1;
            Led_2 = 1;
            Led_3 = 1;
            Led_4 = 1;
            Led_5 = 0;
            Led_6 = 1;
            Led_7 = 1;
            break;
        default:                                    /* 在以上都不匹配时匹配这个 */
            Led_1 = 0;
            Led_2 = 0;
            Led_3 = 0;
            Led_4 = 0;
            Led_5 = 0;
            Led_6 = 0;
            Led_7 = 0;
```

```
            break;
        }
        PrintLED(Led_1, Led_2, Led_3, Led_4, Led_5, Led_6, Led_7);          /* 显示 */
        return;
    }
```

本章小结

数组是结构化程序设计中重要的基本结构。使用数组和各种循环语句，可以缩短和简化程序并能高效处理多种情况。本章详细介绍了数组的各种基本技能：一维数组，二维数组，传递数组给函数以及字符串和字符串数组。在介绍各基本技能的时候，通过不同的例子演示各种数组的使用方法。

通过 LED 数码管"显示和保存数据管数字"和"保存显示过的所有数字"的功能实现，展示了数组在实际中的应用。

习 题 8

一、改错

1. 指出并改正下面程序段的错误。

```c
#include <stdio.h>
int main()
{
    int    a ={1,2,3,4,5};
    int    b[5]={1,2,3,4,5,6};
    int    c[5]={1,2,3};
    int    d[5]={1,1.2,3,4,5.5};
    int    e[]={1,2,3,4};
}
```

2. 指出并改正下面程序段的错误。

```c
# include <stdio.h>
int main(void)
{
    int    a[] = {0};
    printf("输入几时几分几秒: \n\a");
    scanf("%d%d%d", &a[0], &a[1], &a[2]);
    a[3] = a[0]*3600 + a[1]*60 + a[2];
    printf("%d 时%d 分%d 秒等于%d 秒。\n", a[0], a[1], a[2], a[3]);
    return 0;
}
```

二、程序填空

3. 下面程序段实现的功能是：输入 10 个数，输出它们的平均值。请填空。

```c
#include <stdio.h>
int main()
{
```

```c
    double   a[10], sum=0;
    int   i;
    for(_____)
    {
        printf("输入第%d 个数: ",i+1);
        scanf(_____);
        sum+=a[i];
    }
    printf("平均数=%.2lf", _____);
    return 0;
}
```

4. 下面程序的功能是输出数组 a 中最大元素和最小元素。请填空。

```c
#include <stdio.h>
int main()
{
    int   a[6]={-1,5,-2,0,6,9};
    int   i, max=a[0], min=a[0];
    for(i=1;i<6;i++)
    {
        if(_____)
            max=_____;
        if(_____)
            min=_____;
    }
    printf("最大数为%d\n", max);
    printf("最小数为%d\n", min);
    return 0;
}
```

5. 下面程序实现的功能是：把数组的每个元素往左移一步，第一个元素出现在最后面。请填空。

```c
#include <stdio.h>
void move(int [], int);                            // 函数原型
int main(){
    int   a[] ={1,2,3,4,5};
    int   i, length;
    length = _____;
    printf("调用函数 move 之前数组 a 的每个元素的值: \n");
    for(i=0;i<length;i++)
    {
        printf("%6d", a[i]);
    }
    printf("\n");
    move(_____);
    printf("调用函数 move()之后数组 a 的每个元素的值: \n");
    for(i=0; i<length; i++)
    {
```

```
            printf("%6d", _____);
        }
        return 0;
    }
    void move(int b[], int n)
    {                                           // 函数定义
        int    i;
        int    temp=b[0];
        for(i=0;i<n-1;i++)
        {
            _____;                           // 更改了元素的值
        }
        b[n-1]=temp;
    }
```

三、读程序，分析并写出运行结果

6.
```
    #include <stdio.h>
    void sortChoice(int[],int);
    int main()
    {
        int    a[6] = {6,5,4,3,2,1};
        printf("用选择法排序数组的过程：\n");
        sortChoice(a,6);
        return 0;
    }
    void sortChoice(int a[], int N)
    {
        int    i, j, t, k;
        for(i = 0; i < N-1; i++)
        {
            for(j = i+1; j <N; j++)
            {
                if(a[j]<a[i])
                {
                    t = a[i];
                    a[i] = a[j];
                    a[j] = t;
                }
            }
            for(k = 0; k < N;k++)
            {
                printf("%4d", a[k]);
            }
            printf("\n");
        }
    }
```

7.

```c
#include <stdio.h>
int main()
{
    int    a[5][5]={1}, i, j, k=1;
    for(i=0; i<5; i++)
    {
        for(j=0; j<=i; j++)
        {
            if(j==0)
                a[i][j]=1;
            if(j>0&&j<i)
                a[i][j]=a[i-1][j]+a[i-1][j-1];
            if(j==i)
                a[i][j]=1;
        }
    }
    for(i=0; i<5; i++)
    {
        for(j=0; j<=i; j++)
        {
            printf("%5d", a[i][j]);
        }
        printf("\n");
    }
    return 0;
}
```

8.
```c
#include <stdio.h>
int main ()
{
    int    i, a[10] ;
    for(i=0; i<10; i++)
    {
        a[i]=i;
        printf ("%d ", a[i]);
    }
    return 0;
}
```

9.
```c
#include <stdio.h>
void print(int a[][3]);
// 2 行 3 列，二维数组可以看成一个特殊的一维数组，只是它的每个元素又是一个一维数组
int main()
{
    int    a[2][3];
    int    b[2][3] = {{1, 2, 3 }, {4, 5, 6}};
    int    c[2][3] = {1, 2, 3, 4, 5, 6};
```

```c
    int    d[2][3] = {1, 2, 3, 4 };
    int    e[2][3] = {{}, {4, 5, 6}};
    int    f[][3] = {{1,2,3}, {4,5,6}};

    a[0][0] = 1;
    a[0][1] = 2;
    a[0][2] = 3;
    a[1][0] = 4;
    a[1][1] = 5;
    a[1][2] = 6;

    print(a);
    print(b);
    print(c);
    print(d);
    print(e);
    print(f);
}
void print(int a[][3])
{
    int    i,j;
    for (i = 0; i < 2; ++i)
    {
        for (j = 0; j < 3; ++j)
        {
            printf("a[%d][%d]=%d\n", i, j, a[i][j]);
        }
    }
    printf("\n");
}
```

10.

```c
#include <stdio.h>
int main()
{
    int    i,j,s=0, average,v[3];
    int    a[5][3]={{80,75,92},{61,65,71},{59,63,70},{85,87,90},{76,77,85}};

    for(i=0;i<3;i++)
    {
        for(j=0;j<5;j++)
            s=s+a[j][i];
        v[i]=s/5;
        s=0;
    }
    average=(v[0]+v[1]+v[2])/3;
    printf("语文平均分: %d\n 数学平均分: %d\n 英语平均分: %d\n", v[0], v[1], v[2]);
    printf("总分平均分: %d\n", average);
    return 0;
}
```

四、编程题

11. 编写程序，由键盘输入 5 个单精度浮点型数，并保存在数组中，通过函数返回数组中最大值的下标，在控制台上输出该最大值及其下标。

12. 假设有下面的表格，编写程序，实现如下内容：

成绩＼姓名	语文	数学	英语
张三	80	68	81
李四	70	76	75
马五	78	87	56

（1）控制台输出数组内容。
（2）求每个人的平均分。
（3）求每个科目的平均分。
（4）找出总分最高的人。

13. 编写程序，通过键盘输入一串字符串后，统计字符串中大写和小写字符的个数。

14. 编写程序，把二维数组（如左表）进行翻转（如右表）。

1	2	3
4	5	6

6	5	4
3	2	1

15. 编写程序，在控制台输出以下杨辉三角形。

```
            1
          1   1
        1   2   1
      1   3   3   1
    1   4   6   4   1
  1   5  10  10   5   1
```

第9章 指　针

❂　掌握和理解指针的概念
❂　学习和掌握如何应用指针
❂　学习如何处理指针与数组的关系
❂　学习如何传递指针给函数
❂　了解指针的各种内存处理

本章学习指针，理解指针与地址的概念，熟练掌握指针变量的定义与使用方式、掌握指针与数组的关系、指针与函数的关系以及指针的内存处理。

9.1　基本技能

本节将详细介绍指针的概述和应用、指针与数组的关系、指针与函数的关系以及指针的内存处理。

9.1.1　指针概述

1. 什么是指针

指针（pointer）是一个存放地址的变量。内存地址是指内存中具体储存单元的地址编号。一般，通过变量名可以得到变量的值，在程序编译时，编译器会分配相应的内存地址给变量。

通过地址可以找到所需变量，而指针是用来存放地址的特殊变量，所以可以通过指针保存变量的地址，通过该地址就能得到地址里面保存的变量值。

在 C 语言中，一般使用指针指向变量来保存变量的地址，如指针 p 指向变量 a，具体实现可参考例 9-1。

【例 9-1】　简单的指针代码（chp9_1.c）。

```
#include <stdio.h>
int main()
{
    int   a;
    int   *p;
    p=&a;                                  /* 指针 p 指向变量 a */
    printf("请输入一个数字:");
    scanf("%d", &a);
    printf("指针 p 保存的变量为%d", *p);
    return 0;
}
```

程序输出见图 9-1。

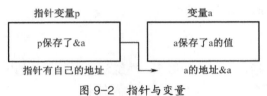

图 9-1 简单的指针代码

当声明变量 a 时，如 "int a;"，系统会分配给 a 一个地址，通过 "&a" 可以获得变量 a 的地址。在声明指针变量后，如 "int *p"，系统也会分配给指针变量一个地址。使用指针可以指向变量，如 p=&a，那么指针 p 所在的内容单元中就保存了变量 a 的地址。无论变量 a 进行什么操作，由于指针变量 p 与&a 一致，那么指针变量*p 都与变量 a 的值一致，如图 9-2 所示。这种通过变量名来访问变量的值的方法称为 "直接访问"，而使用指针来访问的方法称为 "间接访问"。

图 9-2 指针与变量

2．为什么使用指针

使用指针对变量进行操作，具有以下优点：

① 使用指针可以节省数组等内存空间。例如，如果字符数组 a[5]只有 3 个字符，那么声明时分配的 5 个空间就会浪费其中的 2 个；如果使用指针，则不会浪费，有多少字符就分配多少内存地址。

② 使用指针可以指向数组和字符串，提高传递数组和字符串的效率。简单来说，指针可以通过自增、自减来遍历数组自身元素。

③ 指针的运算速度更快。指针计算时是通过交换指向数据存储空间的地址来实现的。

④ 指针能很好地处理复杂的结构体，后续章节中进行介绍。

学习指针的难点在于理解指针和变量的关系，理解并灵活运用指针后，可以设计并实现更优软件系统。

9.1.2 指针变量

1．指针变量的声明

指针变量与普通变量的最大区别是普通变量保存的是变量的值，而指针变量保存的是它所指向的变量的地址。声明指针变量的格式如下：

数据类型 *指针变量名字;

指针变量的数据类型指的是它所指向的变量的数据类型。假设指针变量保存的是字符类型变量的地址，那么就需要声明字符类型的指针变量。为了区别普通变量和指针变量，指针变量名字前面需要加上一个 "*" 符号。

【例 9-2】 指针变量的例子（chp9_2.c）。

```
#include <stdio.h>
int main()
```

```
    {
        char   c;
        int    a;
        char   *p;                          /* 声明字符类型的指针变量 */
        int    *q=&a;                       /* 声明整数型的指针变量同时指向整数型变量 a */
        p=&c;                               /* 指针 p 指向变量 c */
        printf("请输入一个字符:");
        c=getchar();
        printf("请输入一个数字:");
        scanf("%d", &a);
        printf("指针 p 保存的变量为%c\n", *p);
        printf("指针 q 保存的变量为%d\n", *q);
        return 0;
    }
```

程序输出见图 9-3。

图 9-3　指针变量的例子

其中，"int　*q;"声明整型指针变量 q，这种整型指针变量又称为"基本类型"。"char *p;"声明字符类型的指针变量。同样，不同类型的指针变量可以称为"XX 指针"，如"double 指针"和"float 指针"。

注意：

  int　*q=&a;

等价于

  int　*q;

  q=&a;

另外，如果同时声明两个同类型的指针变量，需要在每个变量名字的左边加上"*"，如

  int　*p, *q;

2．指针变量的引用

指针变量的引用有三种情况，第一种是给指针变量赋值，第二种是修改指针指向变量的值，第三种是引用指针变量的值。

① 给指针变量赋值。通过引用符号"&"可以把变量的地址赋值给指针变量。例如：

  int　*q=&a;

假设整型变量 a 的地址为 1021，那么指针变量 q 的值为 1021。

② 修改指针变量所保存地址（即：指针指向变量）的值。可以通过访问指针变量的内容来修改其指向变量的值。

【例 9-3】 修改指针指向变量的值（chp9_3.c）。

```
#include <stdio.h>
int main()
{
```

```
        int    a=10;
        int    *p = &a;
        *p=20;
        printf("a 的值为%d",a);
        return 0;
    }
```
程序输出见图 9-4。

图 9-4　修改指针指向变量的值

通过上述例子可知，*p 可以访问指向变量的值，"*p=20" 就是指把变量 a 值修改为 20。

③ 引用指针变量的值。引用指针变量的值指的是假设 "int   *p=&a"，那么 p 保存了 a 的地址，而*p 保存了 a 的内容。例 9-4 展示了如何引用指针变量的值，其中 "%p" 输出十六进制的内存地址，"%o" 输出八进制的内存地址。

【例 9-4】　引用指针变量的值（chp9_4.c）。

```
        #include <stdio.h>
        int main()
        {
            int    a=10;
            int    *p = &a;
            printf("a 的十六进制地址为%p\n", p);        /* 引用指针变量的值 */
            printf("a 的八进制地址为%o\n", p);
            printf("a 的值为%d\n", *p);
            return 0;
        }
```
程序输出见图 9-5。

图 9-5　引用指针变量的值

通过上述三种指针变量的引用分析可知，指针有两种常用的运算符号，包括指针取地址运算符 "&" 和指针取值运算符 "*"。表 9-1 可以帮助读者清楚地理解指针与变量的关系，其中假设指针变量 p 指向变量 a。

表 9-1　指针变量 p 指向变量 a

指　　针	变　　量	含　　　义
int*　p	int　a	声明
p	&a	指针变量的值或变量地址
*p	a	变量的值
&p	-	指针变量本身地址
**p	-	地址为*p 的内存单元中保存的值

声明指针变量后，可以对指针变量进行初始化，即需要把指针变量指向某个内存地址。否

则，如果对没有指向任何变量的指针变量进行操作，其结果将是不可预测的。

9.1.3 指针与数组

数组是将同一类型的数据按顺序保存在地址连续的内存中，而指针指的是所指向变量的内存地址。数组可以通过索引来访问数组的元素，而指针通过自增和自减也可以访问相连的内存地址。可以看出，数组和指针有很多相似的地方，学习指针和数组的关系能更方便地处理数据。

1. 数组元素与指针

指针变量可以指向普通变量，也可以指向数组变量。指向数组元素的指针保存了该数组元素的地址。

【例 9-5】 通过指针访问数组元素（chp9_5.c）。

```
#include <stdio.h>
#include <stdlib.h>
int main()
{
    int    i;
    int    a[5]={1,2,3,4,5};
    int    b[5]={5,4,3,2,1};
    int    *p, *q;
    p=&a[0];
    q=b;
    for(i=0; i<5; i++)
    {
        printf("a[%d]=%d\t", i, *(p+i));
        printf("b[%d]=%d\n", i, *(q+i));
    }
    return 0;
}
```

程序输出见图 9-6。

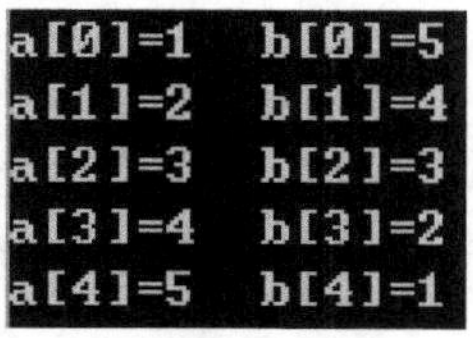

```
a[0]=1    b[0]=5
a[1]=2    b[1]=4
a[2]=3    b[2]=3
a[3]=4    b[3]=2
a[4]=5    b[4]=1
```

图 9-6　通过指针访问数组元素

通过例 9-5 可知，C 语言中的数组名保存了数组的首地址，同时数组第一个元素的地址也是数组的首地址，因此假设 a[5]={1,2,3,4,5} 那么 a 等同于&a[0]。所以，指针可以通过指向首地址，可以对相应的数组进行操作。

注意：下面代码是不合法的。

```
int    a[5]={1,2,3,4,5};
int    *p;
p=&a;                              /* 不合法！"p=a;"才是合法的*/
```

在例 9-5 中，指针可以进行数学的加减运算。指针变量每加一或减一其实是加或减一个该类型变量所占的字节数，如 p+i，其实是 p 的地址加上 i 乘以 sizeof(int)。

2. 通过指针指向数组

【例 9-6】 通过指针计算数组所有元素的和（chp9_6.c）。

```
#include <stdio.h>
#include <stdlib.h>
int main()
{
    int    i;
    float   table[4]={1.2,2.2,3.2,4.2};
    float   *p;
    float   sum=0.0;
    p=table;
    for(i=0; i<4; i++, p++)
        sum+=*p;
    printf("数组的和为%.2f\n",sum);
    return 0;
}
```

程序输出见图 9-7。

数组的和为10.80

图 9-7　通过指针计算数组元素的和

在例 9-6 中的下述代码块：

```
for(i=0; i<4; i++, p++)
    sum+=*p;
```

等同于下面的代码块

```
for(i=0; i<4; i++)
    sum+=table[i];
```

或者

```
for(i=0; i<4; i++)
    sum+=*(p++);
```

从上述代码块可以明显看出：table[i]等同于*(table+1)。该情况适用于所有指向数组的指针变量：① 数组元素 x[i]等同于指针 x+i 的值，即*(x+i)；② (x+i)是数组第 i 个元素的地址。

需要强调的是，数组名字是一个指针常量，不能修改。例如：

```
float    table[4]={1.2, 2.2, 3.2, 4.2};
float    *p;
p=table;                        /* 正确，指针可指向数组 */
table=p;                        /* 错误，数组不能指向指针 */
```

3. 通过指针引用数组元素

指针不仅可以指向数组本身，还能指向数组的元素。

【例 9-7】 指针指向数组元素（chp9_7.c）。

```
int main()
{
    int    a[9]={1,2,3,4,5,6,7,8,9};
    int    *p, *q, i;
    p=&a[4];
    q=&a[4];
    for(i=0; i<5; i++, p++, q--)
    {
        printf("第%d 次 p=%d\n", i+1, *p);
        printf("第%d 次 q=%d\n", i+1, *q);
    }
    return 0;
}
```

程序输出见图 9-8。

图 9-8　指针指向数组元素

在例 9-7 中，指针可以进行自增、自减，如 p++ 或++p 为自增，q-- 或--q 为自减，p++ 使得指针指向数组的下一个元素，而 q-- 使得指针指向数组的前一个元素。

利用指针来引用数组元素非常灵活，但是容易引起混淆。以下是利用指针来引用数组元素的相关概念，假设指针 p 指向数组 a。

① p 指向的是数组的第一个元素 a[0]。

② p++ 和++p 指向数组的下一个元素，如果 p 指向 a[0]，那么 p++ 和 q++ 之后 p 指向 a[1]。

③ *p++ 和*(p++)相同，都能实现并获得指针指向数组当前元素的值之后再递增。这是因为++与*的优先级相等。

④ *(p++)与*(++p)不同，因为*(p++)需要先获得当前*p 的值，再指向下一个数组元素，而*(++p)是*p 指向下一个数组元素，然后获得数组元素的值。

⑤ ++(*p)能把指针指向当前数组元素的值增加 1。假设 p 指向 a[0]，而 a[0]=1 那么++(*p)后，a[0]=2。++(*p)相当于++a[0]。

【例 9-8】 指针引用数组元素的相关效果（chp9_8.c）。
```
#include <stdio.h>
int main()
{
    int    a[5]={0,1,2,3,4};
    int    *p;
```

```
        p=a;
        printf("指针 p 指向 a[%d]=%d\n", *p, a[*p]);
        p++;
        printf("p++之后，指针 p 指向 a[%d]=%d\n", *p, a[*p]);
        ++p;
        printf("++p 之后，指针 p 指向 a[%d]=%d\n", *p, a[*p]);
        printf("*(p++)指向 a[%d],*(p++)指向 a[%d]\n", *(p++), *(p++));
        printf("p 指向 a[%d]=%d;", *p, a[*p]);
        ++(*p);
        printf("++(*p)后元素的值增加到%d", *p);
        return 0;
    }
```
程序输出见图 9-9。

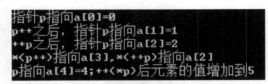

图 9-9　指针指向数组元素的相关效果

4．指针作为函数参数

使用指针作为函数参数，即可以节省空间，运算速度太快。

【例 9-9】　指针作为函数参数（chp9_9.c）。

```
    #include <stdio.h>
    #include <stdlib.h>
    int   max,min;

    int main()
    {
        void    findMaxmin(int *p, int n);
        int    a[10], i;
        for(i=0; i<10; i++)
            scanf("%d", &a[i]);

        findMaxmin(a, 10);
        printf("数组 a 中最大值：%d   最小值为：%d\n", max, min);
        return 0;
    }
    void findMaxmin(int *p, int n)
    {
        int    i;
        max=min=*p;
        for(i=0; i<n; i++)
        {
            if(*(p+i)>max)
                max=*(p+i);
            if(*(p+i)<min)
```

```
                min=*(p+i);
            }
    }
```

程序输出见图 9-10。

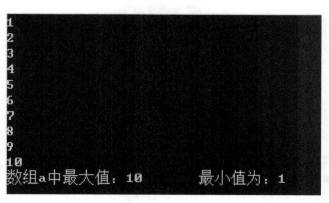

图 9-10　指针指向数组元素的相关效果

5. 通过指针引用多维数组

既然通过指针可以引用一维数组，同样使用指针也可以引用多维数组。

（1）数组的行指针和列指针

假设二维数组 a[2][4]={{1,2,3,4},{5,6,7,8}}，可知这个二维数组由两个一维数组 a[0]={1,2,3,4}和 a[1]={5,6,7,8}组成。其中，a[0]的 4 个元素可以通过 a[0][0]、a[0][1]、a[0][2]、a[0][3]来访问，a[1]的 4 个元素则可以通过 a[1][0]、a[1][1]、a[1][2]、a[1][3]来访问。那么，通过参考指针引用一维数组的方式，可知 a 是二维数组每一行的指针，a[0]、a[1]是二维数组每一列的指针。表 9-2 列出了二维数组与指针的关系。

表 9-2　二维数组与指针

行指针 ＼ 列指针	a[0]	a[0]+1	a[0]+2	a[0]+3
a	1	2	3	4
a+1	5	6	7	8

【例 9-10】　指针与二维数组（chp9_10.c）。

```
#include <stdio.h>
#include <stdlib.h>
int main()
{
    int   a[2][4]={{1,2,3,4}, {5,6,7,8}};              /*二维数组*/
    int   i, j;
    for(i=0; i<2; i++)
    {
        for(j=0; j<4; j++)
        {
            printf("a[%d][%d]=%d\n", i, j, *(*(a+i)+j));
        }
    }
```

```
        return 0;
    }
```
程序输出见图 9-11。

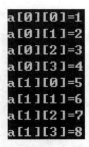

图 9-11　二维数组作为指针的相关效果

由上述代码块可以看出：a[i][j]等同于*(*(a+i)+j)。这个情况适用于所有指针指向二维数组，也可以有以下变形：

x[i][j]= *(*(x+i)+j)

x[i][j]= *(x[i]+j)

x[i][j]= (*(x+i))[j]

注意： 通过指针引用符号 "*" 可获得数组的值，而访问数组的地址则需要通过符号 "&" 来获得，如&a[0]表示二维数组第 0 行的首地址，而&a[0][0]则表示二维数组第 0 行第 0 列的地址。

（2）指针与多维数组

【例 9-11】 通过指针获取二维数组的值（chp9_11.c）。

```
#include <stdio.h>
#include <stdlib.h>
int main()
{
    int   a[2][4]={{1,2,3,4}, {5,6,7,8}};             /*二维数组*/
    int   *p;
    for(p=a[0]; p<a[0]+8; p++)
    {
        printf("%d ", *p);
    }
    return 0;
}
```

程序输出见图 9-12。

1 2 3 4 5 6 7 8

图 9-12　通过指向元素的指针获得二维数组的值

通过例 9-10 可知，指针变量 p 可以引用数组，其中 p=a[0]指向了二维数组的第 1 行第 1 个元素，即 a[0][0]；每次 p++，则指向数组内存里面的下一个元素，如 a[0][0]的下一个元素为 a[0][1]。当指针变量遍历完二维数组第 1 行的元素后，指针的下一个元素会指向第 2 行的第 1 个元素，即 a[1][0]。因此，二维数组 a[2][4]可看成一维数组 a[8]={1, 2, 3, 4, 5, 6, 7, 8}。假设指针 p=a[0]，想要通过指针访问二维数组 a[n][m]中某个元素 a[x][y]（其中

x<n，y<m)，那么 a[x][y]的值等于指针 p+(x*n)+ y 所指向元素的值。

【例 9-12】 通过指针指向二维数组中的行数组而获得二维数组的值（chp9_12.c）。

```c
#include <stdio.h>
#include <stdlib.h>
int main()
{
    /*  二维数组  */
    int   a[2][4]={{1,2,3,4}, {5,6,7,8}};
    int   (*p)[4], i, j;
    p=a;
    for(i=0;i<2;i++)
    {
        for(j=0; j<4; j++)
            printf("a[%d][%d]=%d\n", i, j, *(*(p+i)+j));
    }
    return 0;
}
```

程序输出见图 9-13。

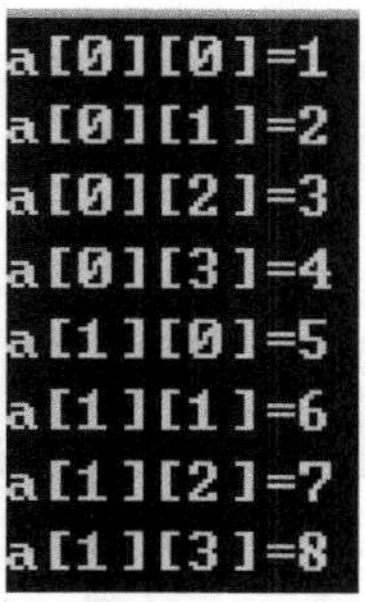

图 9-13 指针指向二维数组中的行数组

由例 9-11 可知，"int　(*p)[4]"定义了一个指针变量 p，指向包含了 4 个元素的整型一维数组。"int　(*p)[4]"是数组指针，指针 p 指向含有 4 个 int 类型元素的数组；"int　*p[4]"是指针数组，数组中包含 4 个整数型的指针。

9.1.4　指针与函数

1. 指针函数

指针函数是指带有指针的函数，其本质是函数，但是返回值是一个地址（指针）。指针函数使得函数之间可以通过指针进行数据的传递。指针函数声明方法如下：

返回类型 *函数变量名 ([形参列表]);

指针函数的声明与函数声明的格式类似，声明一个函数指针只需在函数名左边加上指针符号。由于"*"的优先级低于"()"的优先级，因而函数名首先和后面的"()"结合为一个函数，这样"*"就与返回类型相结合，函数的返回值是一个指针变量。指针函数的用途十分广泛。事实上，每个函数都有一个入口地址，该地址相当于一个指针。例如，函数返回一个整型值相当于返回一个指针变量的值，不过这时的变量是函数本身而已，而整个函数相当于一个"变量"。

【例 9-13】 函数通过指针进行数据的传递（chp9_13.c）。

```
#include <stdio.h>
float *find(float(*p)[4], int n);                /* 声明指针函数 */
int main(void) {
    float   score[][4]={{62,73,84,95}, {53,82,66,75}, {64,73,88,85}};
    float   *p;
    int   i, m;
    printf("输入需要查找的成绩的序号（1-3）: ");
    scanf("%d", &m);
    printf("%d 的分数为", m);
    p=find(score, m-1);                          /* 指针指向函数的返回值 */
    /*由于函数返回的是数组，数组 p+0 到 p+3 等于数组 score [0]到 score [3] */
    for(i=0; i<4; i++)
        printf("%5.2f\t", *(p+i));
    return 0;
}
float *find(float(*p)[4], int n)
{                                                /* 定义指针函数 */
    float   *pt;
    pt=*(p+n);
    return(pt);
}
```

程序输出见图 9-14。

图 9-14　函数通过指针进行数据传递

2. 函数指针

函数指针是指向函数的指针变量，其本质是指针。在 C 语言中，函数声明后被存储在某个内存空间里面，而这个空间的起始地址又称为入口地址，是这个函数的指针变量。

函数指针的声明方法如下：

    返回类型 (*指针变量名) ([形参列表]);

函数指针的声明与指针函数声明的格式类似，声明一个函数指针只需把函数名以及其左边的指针符号用括号括起来即可。通过指向函数的指针变量，可以灵活调用函数。在指向函数后，指针的主要用途是通过指针调用函数。

【例 9-14】 使用指针调用函数（chp9_14.c）。

```
#include <stdio.h>
#include <stdlib.h>
int min(int x, int y);                    /* 声明一个函数 */
int main()
{
    int   (*p)(int, int);                 /* 声明一个函数指针 */
    int   a, b, c;
    p = min;                              /* 将 min()函数的首地址赋给指针 p */
```

```
        printf("请输入数字（a, b）:");
        scanf("%d, %d", &a, &b);
        c = (*p)(a, b);
        printf("a=%d, b=%d, min=%d", a, b, c);
        return 0;
    }
    int min(int x,int y)
    {
        if(x>y)
            return y;
        else
            return x;
    }
```

程序输出见图 9-15。

图 9-15 使用指针调用函数

p 是指向函数 min()的指针变量，p=min 即把函数 min()的入口地址赋给了指针 p，并通过指针 p 来调用该函数。此时，指针 p 和函数 min()都指向同一个入口地址，不同的是，指针 p 是一个指针变量，可以指向任何函数，而函数不可以指向其他函数和指针。例 9-12 把函数 min()的地址赋给指针 p，指针 p 就指向函数 min()了。注意，指向函数的指针变量没有＋＋和－－运算，而且指针变量声明的时候除了多一个指针符号，其他元素要与指向的函数一致。

3. 函数指针数组

函数指针数组指的是以函数指针为元素的数组。函数指针数组声明格式如下：

    数据类型　　(*函数指针数组名[数组大小]) (形参列表)

例如：

    int   (*p[5])(int);

由于函数指针数组是一个整体，因此(*p[5])内的中括号不能省略。

函数指针数组可以通过类似定义数组的方法直接定义，但是函数指针数组所包含的函数都必须拥有同一的返回类型和参数类型。

【例 9-15】 使用指针调用函数（chp9_15.c）。

```
#include <stdio.h>
#include <stdlib.h>
int Withdraw(int money);                    /* 声明取钱函数 */
int Deposit(int money);                      /* 声明存钱函数 */
int balance=500;                             /* 设置用户余额为 500 */
int main()
{
    int   i;
    /* 函数指针数组可以通过类似定义数组的方法直接定义
        注意函数指针数组所包含的函数必须拥有同一的返回类型和参数类型 */
    int   (*menu[])(int)={
```

```
                Withdraw,
                Deposit
            };
            for(i=0; i<2; i++)
            {
                printf("余额为：%d\n", menu[i](300));                    /* 使用函数指针数组 */
            }
            return 0;
        }
        int Withdraw(int money)
        {
            if (balance>=money)
                return balance-money;
            else
                return balance;
        }
        int Deposit(int money)
        {
            return balance+money;
        }
```
程序输出见图 9-16。

图 9-16　使用函数指针数组

9.1.5　指针的内存处理

指针可以让用户方便完成各种操作，但是一旦指针指向一个错误的位置，相关数据就会被破坏掉，造成系统根本性错误。此外，占有过多的内存而不释放会造成系统资源浪费，甚至导致系统崩溃。因此，学习指针的内存处理可以避免这种情况的出现。

1．malloc()函数

库函数 malloc(int size)用来分配可安全使用的内存，提高内存的利用率。其中 size 是所分内存的大小（单位是字节），函数原型为 void *malloc(unsigned int)。在应用中，可将返回值强制转换成需要的类型。其格式如下：

```
        类型　*指针变量名;
        指针变量名=(类型　*) malloc(数目*sizeof(类型));
```
例如：

```
        int　*p;
        p=(int *) malloc(10*sizeof(int));
```
这里为指针 p 申请了可以放 10 个整数型大小的内存。

2．free()函数

当程序不再使用内存的时候，可以通过库函数 free()释放已分配内存块的首地址的方式来释放指针。free()函数和 malloc()函数一般搭配使用。free()函数的函数原型为 void free(void *p)，格式如下：

> free(指针变量名);

例如：

```
int    *p;
p=(int *) malloc(10*sizeof(int));
free(p);
```

3. 动态分配内存的特点

① 当需要申请内存时动态分配内存，不需要时释放内存。保证内存可以被重新使用。

② 内存空间大小（size）可以是一个变量，在运行时确定。

③ 不可以只释放内存的一部分，内存必须整块释放。

④ 内存有可能请求失败，这时函数将返回 NULL 指针。

9.2　增量式项目驱动

根据第 2 章的介绍，本章将实现"数字显示的指针操作"的功能，参考代码见第 8 章的 8.2 节。

〖增量 9-1〗　方法一：使用指针访问数组，实现数字 0～9 的顺序输出。

```
#include <stdio.h>                              /* 包含输入输出所需要的库函数的头文件 */
#include "PrintLED.h"                           /* 包含显示 LED 用的 PrintLED 所在库文件 */
#define      LED   int                          /* 定义 LED 宏 */
void print( LED num);
int main()
{
    LED   led_array[10] = { 1, 2, 3, 4, 5, 6, 7, 8, 9, 0 };        /* 显示数组中的多个 */
    int   i;
    for(i = 0; i != 10; ++i)
    {
        print(led_array[i] );                                      /* 访问数组的一般方法 */
        print(*(led_array+i) );                                    /* 以指针的视角访问数组 */
    }
    return 0;
}
void print( LED num)
{   /* 定义 LED 的 8 个段 */
    LED Led_1;
    LED Led_2;
    LED Led_3;
    LED Led_4;
    LED Led_5;
    LED Led_6;
    LED Led_7;
    switch (num)                                                   /* 以整数作为条件 */
    {
```

```
        case 0:                                            /* 设置为 0 */
            Led_1 = 1;
            Led_2 = 1;
            Led_3 = 1;
            Led_4 = 1;
            Led_5 = 1;
            Led_6 = 1;
            Led_7 = 0;
            break;
        case 1:                                            /* 设置为 1 */
            Led_1 = 0;
            Led_2 = 1;
            Led_3 = 1;
            Led_4 = 0;
            Led_5 = 0;
            Led_6 = 0;
            Led_7 = 0;
            break;
        case 2:                                            /* 设置为 2 */
            Led_1 = 1;
            Led_2 = 1;
            Led_3 = 0;
            Led_4 = 1;
            Led_5 = 1;
            Led_6 = 0;
            Led_7 = 1;
            break;
        case 3:                                            /* 设置为 3 */
            Led_1 = 1;
            Led_2 = 1;
            Led_3 = 1;
            Led_4 = 1;
            Led_5 = 0;
            Led_6 = 0;
            Led_7 = 1;
            break;
        case 4:                                            /* 设置为 4 */
            Led_1 = 0;
            Led_2 = 1;
            Led_3 = 1;
            Led_4 = 0;
            Led_5 = 0;
            Led_6 = 1;
            Led_7 = 1;
            break;
        case 5:                                            /* 设置为 5 */
            Led_1 = 1;
```

```
        Led_2 = 0;
        Led_3 = 1;
        Led_4 = 1;
        Led_5 = 0;
        Led_6 = 1;
        Led_7 = 1;
        break;
    case 6:                                    /* 设置为 6 */
        Led_1 = 1;
        Led_2 = 0;
        Led_3 = 1;
        Led_4 = 1;
        Led_5 = 1;
        Led_6 = 1;
        Led_7 = 1;
        break;
    case 7:                                    /* 设置为 7 */
        Led_1 = 1;
        Led_2 = 1;
        Led_3 = 1;
        Led_4 = 0;
        Led_5 = 0;
        Led_6 = 0;
        Led_7 = 0;
        break;
    case 8:                                    /* 设置为 8 */
        Led_1 = 1;
        Led_2 = 1;
        Led_3 = 1;
        Led_4 = 1;
        Led_5 = 1;
        Led_6 = 1;
        Led_7 = 1;
        break;
    case 9:                                    /* 设置为 9 */
        Led_1 = 1;
        Led_2 = 1;
        Led_3 = 1;
        Led_4 = 1;
        Led_5 = 0;
        Led_6 = 1;
        Led_7 = 1;
        break;
    default:                                   /* 在以上都不匹配时匹配这个 */
        Led_1 = 0;
        Led_2 = 0;
        Led_3 = 0;
        Led_4 = 0;
```

```
                Led_5 = 0;
                Led_6 = 0;
                Led_7 = 0;
                break;
        }
        PrintLED(Led_1, Led_2, Led_3, Led_4, Led_5, Led_6, Led_7);      /* 显示 */
        return;
    }
```

〖增量 9-2〗 方法二：使用指针访问数组，实现数字 0~9 的顺序输出。

```
    #include <stdio.h>                               /* 包含输入输出所需要的库函数的头文件 */
    #include "PrintLED.h"                            /* 包含显示 LED 用的 PrintLED 所在库文件 */
    #define      LED   int                           /* 定义 LED 宏 */
    void print( LED num);
    int main()
    {
        LED    led_array[10] = {1, 2, 3, 4, 5, 6, 7, 8, 9, 0};     /* 显示数组中的多个 */
        LED    *i;                                   /* 指针 */
        LED    * const led_array_end = led_array+10;          /* 数组的结束地址的指针 */
        for(i = led_array; i != led_array_end; ++i)           /* 一般的方法 */
        {
            print(*i);
        }
        i = led_array;                               /* 使用 while 时的一般方法 */
        while(i != led_array_end)
        {
            print(*i);
            ++i;
        }
        i = led_array;                               /* 使用 do-while 时的方法 */
        do {
            print(*i);
        } while (++i != led_array_end );
        return 0;
    }
    void print( LED num)
    {   /* 定义 LED 的 8 个段 */
        LED Led_1;
        LED Led_2;
        LED Led_3;
        LED Led_4;
        LED Led_5;
        LED Led_6;
        LED Led_7;
        switch(num)                                  /* 以整数作为条件 */
        {
            case 0:                                  /* 设置为 0 */
```

```c
        Led_1 = 1;
        Led_2 = 1;
        Led_3 = 1;
        Led_4 = 1;
        Led_5 = 1;
        Led_6 = 1;
        Led_7 = 0;
        break;
    case 1:                                    /* 设置为 1 */
        Led_1 = 0;
        Led_2 = 1;
        Led_3 = 1;
        Led_4 = 0;
        Led_5 = 0;
        Led_6 = 0;
        Led_7 = 0;
        break;
    case 2:                                    /* 设置为 2 */
        Led_1 = 1;
        Led_2 = 1;
        Led_3 = 0;
        Led_4 = 1;
        Led_5 = 1;
        Led_6 = 0;
        Led_7 = 1;
        break;
    case 3:                                    /* 设置为 3 */
        Led_1 = 1;
        Led_2 = 1;
        Led_3 = 1;
        Led_4 = 1;
        Led_5 = 0;
        Led_6 = 0;
        Led_7 = 1;
        break;
    case 4:                                    /* 设置为 4 */
        Led_1 = 0;
        Led_2 = 1;
        Led_3 = 1;
        Led_4 = 0;
        Led_5 = 0;
        Led_6 = 1;
        Led_7 = 1;
        break;
    case 5:                                    /* 设置为 5 */
        Led_1 = 1;
        Led_2 = 0;
        Led_3 = 1;
```

```
        Led_4 = 1;
        Led_5 = 0;
        Led_6 = 1;
        Led_7 = 1;
        break;
    case 6:                                    /* 设置为 6 */
        Led_1 = 1;
        Led_2 = 0;
        Led_3 = 1;
        Led_4 = 1;
        Led_5 = 1;
        Led_6 = 1;
        Led_7 = 1;
        break;
    case 7:                                    /* 设置为 7 */
        Led_1 = 1;
        Led_2 = 1;
        Led_3 = 1;
        Led_4 = 0;
        Led_5 = 0;
        Led_6 = 0;
        Led_7 = 0;
        break;
    case 8:                                    /* 设置为 8 */
        Led_1 = 1;
        Led_2 = 1;
        Led_3 = 1;
        Led_4 = 1;
        Led_5 = 1;
        Led_6 = 1;
        Led_7 = 1;
        break;
    case 9:                                    /* 设置为 9 */
        Led_1 = 1;
        Led_2 = 1;
        Led_3 = 1;
        Led_4 = 1;
        Led_5 = 0;
        Led_6 = 1;
        Led_7 = 1;
        break;
    default:                                   /* 在以上都不匹配时，匹配这个 */
        Led_1 = 0;
        Led_2 = 0;
        Led_3 = 0;
        Led_4 = 0;
        Led_5 = 0;
```

```
            Led_6 = 0;
            Led_7 = 0;
            break;
    }
    PrintLED(Led_1, Led_2, Led_3, Led_4, Led_5, Led_6, Led_7);          /* 显示 */
    return;
}
```

本章小结

　　指针是结构化程序设计中的高级结构应用。使用指针与各种模块结合，可以节省数组等内存空间，提高传递数组和字符串的效率，提高程序的运算速度，并能很好地处理复杂的结构体。本章详细介绍了指针的各种基本技能：指针概述，指针变量，指针与数组，指针与字符串，指针与函数，以及指针的内存处理。在介绍各基本技能的时候，通过不同的例子演示各种指针的使用方法。

　　最后通过 LED 数码管"数字显示的指针操作"的功能实现，展示了指针在实际中的应用。

习　题　9

一、改错

　　1. 指出并改正下面程序段的错误。

```
#include <stdio.h>
void swap(int pa, int pb) {
    int   temp;
    temp = pa;
    *pa = *pb;
    pb = temp;
}
int main() {
    int   a, b, c, temp;
    scanf("%d%d%d", &a, &b, &c);
    if(a>b)
        swap(&a, &b);
    if(b>c)
        swap(&b, &c);
    if(a>c)
        swap(&a, &c);
    printf("%d, %d, %d", a, b, c);
    return 0;
}
```

　　2. 指出并改正下面程序段的错误。

```
int main()
{
    int   i;
    int   table[4]={1.2,2.2,3.2,4.2};
```

```
        float    *p;
        float    sum=0.0;
        p=table;
        for(i=0; i<4; i++, p++)
            sum+=p;
        printf("数组的和为%.2f\n", &sum);
        return 0;
    }
```

3. 指出并改正下面程序段的错误。

```
#include <stdio.h>
float find(float(*p)[4], int n);
int main(void)
{
    float    score[][]={{62,73,84,95},{53,82,66,75},{64,73,88,85}};
    float    *p;
    int    i, m;
    printf("输入需要查找的成绩的序号（1-3）: ");
    scanf("%d", &m);
    printf("%d 的分数为", m);
    p=find(score, m-1);
    for(i=0; i<4; i++)
        printf("%5.2f\t",*(p+i));
    return 0;
}
float *find(float(*p)[4],int n)                    /* 定义指针函数 */
{
    float    pt;
    pt=*(p+n);
    return(pt);
}
```

二、程序填空

4. 下面程序段实现的功能是：从整数型数组中找出最大的数字。请填空。

```
#include <stdio.h>
int getMax(_____);
int main()
{
    int    nums[10];
    int    i;
    for(i=0; i<10; i++)
    {
        scanf("%d",&nums[i]);
    }
    printf("max =%d\n", getMax(_____, 10));
    return 0;
}
int getMax(int *num, int size)
```

```
    {
        int   i, max=*num;
        for(i=0; i<size; i++, num++)
        {
            if(max<*num)
                _____;
        }
    }
```

5. 下面程序段实现的功能是：将两个整数 a 和 b 连接起来。请填空。
```
    #include <stdio.h>
    int combine(int *x,int *y);
    int main()
    {
        int   a = 123;
        int   b = 456;
        int   c;
        int   *x, *y;
        x=&a;
        y=&b;
        c = combine(_____);                // c 的值现在为 123456
        printf("%d\n", c);
        return 0;
    }
    int combine(int *x, int *y)
    {
        int   len=1, temp=*y;
        while(temp>0)
        {
            _____;
            len*=10;
        }
        return _____;
    }
```

6. 下面程序实现的功能是：获得整数型 a 从第 m 个数字起，长度为 k 的数字。请填空。
```
    #include <stdio.h>
    void get(_____);
    int main()
    {
        int   a=1234567;
        int   *x=_____;
        get(_____, 2, 5);
        printf("%d", a);
        return 0;
    }
    void get(int* x, int m, int k)
    {
        int   i=0, head=1, remove=1, len=1, temp=*x;
        for(i=0; i<m; i++)
```

```
            head*=10;
        while(temp>head)
        {
            temp/=10;
            remove*=10;
        }
        for(i=0; i<k; i++)
            len*=10;
        *x=((*x)-((*x)/remove)*remove);
        while(*x>len)
        {
            _____
        }
    }
```

三、读程序，分析并写出运行结果

7.
```c
int f(int b[][4])
{
    int   i, j, s=0;
    for(j=0; j<4; j++)
    {
        i=j;
        if(i>2)
            i=3-j;
        s+=b[i][j];
    }
    return s;
}
int main( )
{
    int   a[4][4]={{1,2,3,4}, {0,2,4,5}, {3,6,9,12}, {3,2,1,0}};
    printf("%d\n", f(a));
    return 0;
}
```

8.
```c
void sum(int *a)
{
    a[0]=a[1];
}
int main( )
{
    int   aa[10]={1,2,3,4,5,6,7,8,9,10}, i;
    for(i=2; i>=0; i--)
        sum(&aa[i]);
    printf("%d\n", aa[0]);
    return 0;
```

```
                }
9.
        void fun(char *c,int d)
        {
            *c=*c+1;
            d=d+1;
            printf("%c, %c, ", *c, d);
        }
        int main()
        {
            char   a='A', b='a';
            fun(&b, a);
            printf("%c, %c\n", a, b);
            return 0;
        }
10.
        int main()
        {
            char   *a[3] = {"I","love","China"};
            char   **ptr = a;
            printf("%c %s", *(*(a+1)+1), *(ptr+1));
            return 0;
        }
11.
        #include <stdlib.h>
        int main( )
        {
            char s[] = "abcdefg";
            char *p=s+7;
            while(--p>&s[0])
                putchar(*p);
            return 0;
        }
```

四、编程题

12. 编写程序，设计一个指针函数，可以将 3×3 的矩阵倒转。

13. 编写程序，用指针数组在主函数中输入 10 个等长的字符串。用另一函数对它们排序，然后在主函数中输出 10 个已排好序的字符串。

14. 编写程序，用指针数组来处理通过输入月份符号，输出英文月份名字的程序。例如，输入"1"，输出 "January"。

15. 编写程序，设计函数 char *insert(s1, s2, n)，用指针实现在字符串 s1 中的指定位置 n 处插入字符串 s2。

16. 有 5 位学生，4 门课程。

（1）找出每门课程的最高分。

（2）计算每位学生总分和平均分。

（3）找出至少有 2 门课不及格的学生。编写 3 个函数结合指针实现以上三项功能。

第 10 章　字符串处理

- ✠ 掌握字符数组与字符串之间的关系
- ✠ 掌握使用字符指针对字符串进行操作
- ✠ 掌握格式符"%s"的使用
- ✠ 掌握使用库函数对字符串进行复制、连接、比较、查找和反转等操作

字符串在程序中经常出现，本章将介绍使用字符数组和字符指针来处理字符串的方法。C语言提供了很多处理字符串的库函数，本章将介绍一些常用的库函数。

10.1　字符数组、字符串与指针

本节将详细介绍与字符串处理相关的各知识点，并通过示例代码来演示，帮助读者理解并熟练使用所学知识点。

10.1.1　字符数组、字符串与指针概述

1. 字符数组

字符数据是以字符的 ASCII 值存储在存储单元中的，在 C 语言中，字符型数据占 1 字节的存储空间，字符数据需要用' '引起来。例如，'A'、'b'、'\n'都是字符数据。用来存放字符数据的数组就是字符数组，字符数组中的每个元素存储一个字符。定义字符数组的格式与定义其他类型的数组一样，如

```
char   c[5];
```
定义了一个数组，数组的名字为 c，该数组具有 5 个元素，每个元素都是 char 类型的变量，每个元素可以存放一个 char 类型的数据。

字符数组未初始化时，其各元素的值是不确定的，因此应避免使用。字符数组初始化方式如下。定义时即初始化，如

```
char   c[5] = {'h', 'e', 'l', 'l', 'o'};
```
相当于

```
c[0] = 'h';
c[1] = 'e';
c[2] = 'l';
c[3] = 'l';
c[4] = 'o';
```
当[ ]中的字符个数小于数组的大小时，则[ ]中的字符会一一赋值给数组中前面的元素，

数组中后面的元素会自动被赋值为'\0'（空字符）。例如：

        char c[5] = {'g', 'e', 't'};

相当于：

        c[0] = 'g';
        c[1] = 'e';
        c[2] = 't';
        c[3] = '\0';
        c[4] = '\0';

如果[ ]中的字符个数恰好与数组的大小一样，则给数组初始化时可以省略数组的长度，例如：

        char   c[ ] = {'h', 'e', 'l', 'l', 'o'};

相当于：

        char   c[5] = {'h', 'e', 'l', 'l', 'o'};

2．字符串

在 C 语言中，字符串是以字符数组的方式进行处理的。字符串就是用" "括起来的字符序列，也称为字符串常量，例如，"C Language"、"123456"都是字符串。有些字符串包含转义字符，如"please input: \n"、"she said \"she like football\" "。"\n"和"\""是转义字符。注意，"she said \"she like football\" "不能写成"she said "she like football" "，后者不合法。

在 C 语言中，字符串默认的最后一个字符是'\0'（即空字符），代表字符串的结束。所以，"C Language\0 programming"和"C Language"表示的是同一个字符串。字符串的长度等于字符串首次出现空字符前的所有字符的个数。例如，"C Language\0 programming"和"C Language"的长度都是 10。转义字符代表一个字符，所以字符串"input:\n"的长度为 7。

3．字符数组与字符串

可以把字符串赋值给字符数组进行初始化，如

        char   c[ ] = "come";

由于字符串最后一个字符是空字符，因此上面的代码相当于：

        char   c[5] = {'c', 'o', 'm', 'e', '\0'};

即

        c[0] = 'c';
        c[1] = 'o';
        c[2] = 'm';
        c[3] = 'e';
        c[4] = '\0';

4．字符数组与指针

先定义一个字符变量：

        char   ch = 'A';

接下来定义一个字符指针：

        char   *p;

那么，指针 p 可以指向任意一个字符变量。例如：

        p=&ch;

指针 p 就指向了字符变量 ch。

由于字符数组的每个元素都是字符变量，所以指针 p 也可以指向字符数组的任意一个元素。例如：

```
char   chs[ ] = "C language";
p = &chs[2];                                    // 指针 p 指向数组 chs 的第 3 个元素
p = &chs[0];                                    // 指针 p 指向数组 chs 的第 1 个元素
```

由于数组名代表数组第 1 个元素（首元素）的地址，因此

```
p = &chs[0];
```

等价于

```
p = chs;
```

如果对指针 p 进行如下赋值：

```
p = chs;                                        // 或使用等价赋值语句：p = &chs[0];
```

则称指针 p 指向了数组 chs。当 p 指向数组后，我们就可以通过指针 p 来访问数组中的元素了。例如，将数组第 1 个元素 chs[0]的值修改为'B'的方法为：

```
*p='B';                                         // 通过间接访问运算符
```

或者

```
p[0] = 'B';                                      // 使用下标运算符
```

4．字符串与指针

C 语言允许字符指针指向字符串，如

```
char   *p = "come";
```

对于这种方式，指针 p 可以通过间接运算符或者下标运算符来获取字符串常量中的字符，而不可以修改字符串中的值。例如，下面的输出是合法的：

```
printf("%c", *(p+2));                            // 输出结果: m
printf("%c", *p);                                // 输出结果: c
```

但是，下面的形式是非法的：

```
*p='h';
```

因为在 C 语言中，对于字符串常量，程序用一个 const char 型数组来存储。

应注意语句

```
char   *p = "come";
```

与下面语句的区别：

```
char   chs[ ] = "come";
char   *p = chs;
```

对于第一种方式，指针 p 指向字符串常量"come"，p 可以获取字符串常量中的各字符，但不可以修改（字符串常量能修改就不是字符串常量了）。

对于第二种方式，字符数组 chs 被初始化为"come"，指针 p 指向这个字符数组，p 既可以获取字符数组中的各个元素，也可以修改字符数组中的各元素的值（因为字符数组中的每个元素都是变量，当然可以修改）。

10.1.2　字符数组的输入和输出

有两种方式可以对字符数组进行输入或输出：① 使用格式符"%c"对字符逐个输入或输

出；② 使用格式符"%s"对字符数组（或字符串）整体输入或输出。

【例 10-1】 对字符数组进行输出（chp10_1.c）。

```
#include <stdio.h>
int main()
{
    char   c[5] = "come";
    int   i;
    printf("逐个输出：");
    for(i = 0; i<5; i++)
    {
        printf("%c", c[i]);
    }
    printf("\n 整体输出：");
    printf("%s", c);
    return 0;
}
```

程序输出见图 10-1。

图 10-1　逐个输出和整体输出

使用格式符"%s"进行输出时：① printf()函数的输出项是数组的名字 c，不是数组元素名；② 空字符后面的字符不会输出。

【例 10-2】 使用 scanf 函数和格式符%s 对字符数组进行输入（chp10_2.c）。

```
#include <stdio.h>
int main()
{
    char chs[10];
    printf("请输入字符(小于 10 个)：");
    scanf("%s", chs);
    printf("您输入的字符串为：");
    printf("%s\n", chs);
    return 0;
}
```

程序输出见图 10-2。

图 10-2　scanf()函数和格式符%s 的使用

程序分析：程序使用 scanf 函数和格式符%s 获取从键盘输入的字符串。**注意**：scanf()函数的第一个参数为%s，代表接收一个字符串；第二个参数为数组的名字 chs。

从键盘输入的一串字符将会被存放到数组 chs 中，所以数组 chs 的第 0～4 个元素的值依次为'h'、'e'、'l'、'l'、'o'。由于系统在用户输入结束后，会自动添加一个字符串结束符'\0'，所以数组 chs 的第 5 个元素 chs[5]的值为'\0'。由于数组 chs 的长度是 10，所以程序要求输入的字符要小于 10 个（不能等于 10，因为还要存放一个空字符）。

10.2 字符串处理函数

由于程序中经常需要处理字符串，因此为了方便编程人员，C 语言函数库提供了很多专门用来处理字符串的函数（原型在 string.h 头文件中，使用这些库函数需要包含该头文件），下面介绍其中一些常用的函数。

1．puts()函数

一般形式如下：

```
puts(char a[]);
```

puts()函数将字符数组 a 整体输出。例如：

```
char    chs[ ] = "Hello";
puts(chs);
```

将在屏幕（控制台）输出"Hello"。puts()函数输出字符串时，遇到第一个空字符即停止输出，这一点与 printf()函数使用格式符%s 时完全一样。例如下面语句的输出为"Hello"，而不是"HelloWorld"。

```
char    chs[ ] = "Hello\0World";
puts(chs);
```

2．gets()函数

一般形式如下：

```
gets(char a[]);
```

gets()函数的作用是获取从键盘输入的字符串，并将该字符串存储在函数参数所指定的字符数组 a 中。例如：

```
char    chs[10];
gets(chs);
```

用户从键盘输入 nice 后回车，则数组 chs 的第 0～3 元素的值分别是'n'、'i'、'c'、'e'，回车后，系统会自动添加'\0'到数组 chs 中，即数组的第 4 个元素 chs[4]的值为'\0'。注意，输入字符串的长度要小于数组 chs 的长度。gets()函数的返回值为数组 chs 的首地址。

3．strlen()函数

一般形式如下：

```
int strlen(char *p)
```

strlen 由单词 string 和 length 的前 3 个字符组成。strlen()函数用来计算字符串的长度，返回值为字符串的实际长度（第一个空字符前的字符个数，不包括空字符）。例如：

```
char    chs[10] = "hello";
int    len = strlen(chs);
printf("%d", len);
```

输出结果为 5，不是 10，也不是 6。

也可以直接测试字符串的长度，如

```
int    len = strlen("hello");
```

```
        printf("%d", len);
```
输出结果同样为 5。

【例 10-3】 使用 gets()和 puts()函数（chp10_3.c）。

```
#include <stdio.h>
#include<string.h>                  // 使用字符串处理库函数需要包含该头文件
int main()
{
    char   chs[10];
    printf("请输入字符(小于 10 个): ");
    gets(chs);
    printf("您输入的字符串为: ");
    puts(chs);
    return 0;
}
```

程序输出见图 10-3。

请输入字符〈小于10个〉: world
您输入的字符串为: world

图 10-3 使用 gets()和 puts()函数

【例 10-4】 使用 strlen()函数（chp10_4.c）。

```
#include <stdio.h>
#include<string.h>
int main()
{
    char   chs[10] = "hello";
    int   i;
    int   len = strlen(chs);
    printf("数组的长度为: %d\n", len);
    len = strlen("hello world!");
    printf("字符串的长度为: %d\n", len);
    return 0;
}
```

程序输出见图 10-4。

数组的长度为: 5
字符串的长度为: 12

图 10-4 使用 strlen()函数

4．strcpy()函数

一般形式如下:

```
strcpy(char strDest[ ], const char *strSrc);
```

strcpy 由单词 string 的前三个字符和单词 copy 中的三个字符 cpy 组成，表示字符串复制函数。strcpy()函数的作用是将字符串 strSrc 连同字符串结束标志'\0'一起复制到字符数组 strDest 中。复制时，应确保字符数组 strDest 的长度要大于字符串 strSrc 的长度，以便容纳字符串 strSrc 和其结束标志'\0'。例如:

```
char    strSrc[ ] = "world";
char    strDest[10];
strcpy(strDest, strSrc);
```

执行后，字符数组 strDest 的第 0 至第 5 个元素的值分别是'w'、'o'、'r'、'l'、'd'、'\0'，元素 6（strDest[6]）～9（strDest[9]）的值与执行 strcpy 函数前一样，保持不变。注意，不能用赋值语句直接将一个字符串或字符数组给另一个字符数组，如

```
char    strSrc[ ] = "world";          // 使用字符串对数组初始化，合法
char    strDest[10];
strDest = "world";                    // 非法的赋值操作
strDest = strSrc;                     // 非法的赋值操作
```

第三行和第四行代码是非法的。

5．strcat()函数

一般形式如下：

```
strcat(char strDest[ ], char *strSrc);
```

strcat 由单词 string 和 catenate 的前 3 个字符组成，作用是把字符串 strSrc 和结束符'\0'连接到字符数组 strDest 的后面。连接时，字符数组 strDest 原来位置上的结束符'\0'被覆盖。其返回值为字符数组 strDest 的首地址。

【例 10-5】 使用 strcpy()函数和 strcat()函数（chp10_5.c）。

```
#include <stdio.h>
#include<string.h>
int main()
{
    char    strDest[20];
    char    strSrc[] = "hello";
    printf("执行 strcpy 前，字符数组 strDest 的值为：");
    puts(strDest);
    strcpy(strDest, strSrc);
    printf("执行 strcpy 后，字符数组 strDest 的值为：");
    puts(strDest);
    strcat(strDest," world!");
    printf("执行 strcat 后，字符数组 strDest 的值为：");
    printf("%s", strDest);
    return 0;
}
```

程序输出见图 10-5。

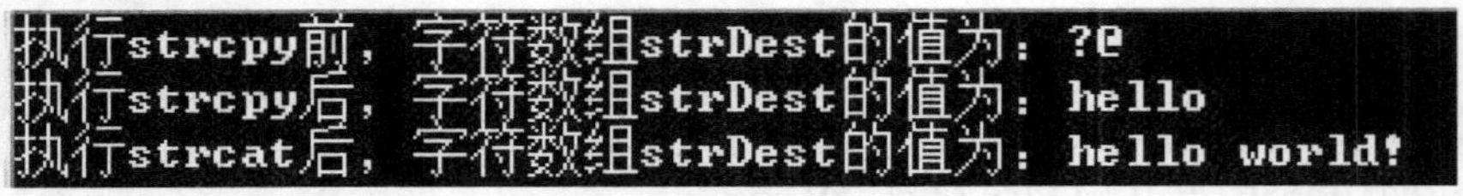

图 10-5　使用 strcpy()函数和 strcat()函数

注意：执行 strcpy()函数前，因为 strDest 没有初始化，所以字符数组 strDest 的值(内容)是不确定的（程序输出为"?@"，不同时间不同机器的运行结果将不同）。

6．strcmp()函数

一般形式如下：

    strcmp(char *str1, char *str2);

strcmp 由单词 string 的前三个字符和单词 compare 中的三个字符 cmp 组成，表示字符串比较。strcmp()的作用是比较字符串 str1 和 str2 的大小。比较的规则如下：从左往右逐个比较字符串 str1 和 str2 中字符的大小，首次遇到不同字符时：

❖ 如果 str1 中的这个字符的 ASCII 值大于 str2 中的这个字符，则认为字符串 str1 大于 str2，函数返回一个大于 0 的整数。

❖ 如果 str1 中的这个字符的 ASCII 值小于 str2 中的这个字符，则认为字符串 str1 小于 str2，函数返回一个小于 0 的整数。

❖ 如果 str1 和 str2 含有一样多的字符，并且每个位置上的字符都一样，则认为字符串 str1 等于 str2，函数返回 0。

例如：

    int   result = strcmp("hello", "world");

字符'h'的 ASCII 的值小于'w'的 ASCII 值，所以字符串"hello"小于字符串"world"，变量 result 的值小于 0。

7．strchr()函数

一般形式如下：

    strchr(char *str, int ch);

strchr 由单词 string 的前三个字符 str 和 character 中的三个字符 chr 组成，其作用是在字符串 str 中从左往右查找字符 ch，如果找到，返回存放字符 ch 的内存地址，否则返回 NULL（表示空地址）。

另一个函数 strrchr(char *str, int ch)的功能与 strchr 相似，也是在字符串 str 中查找字符 ch，但是查找顺序是从右往左（函数 strrchr 中间的 r 表示"right"），如果找到 ch，返回存放字符 ch 的内存地址，否则返回 NULL。

【例 10-6】使用 strchr()函数，将字符串中的所有指定字符全部用空格替换（chp10_6.c）。

```c
#include <stdio.h>
#include<string.h>
int main()
{
    char    str[] = "nice#to#meet#you!";
    int    ch = '#';
    char    *p;
    printf("替换前：%s\n", str);
    p=strchr(str, ch);
    while(p!=NULL)
    {
        *p=' ';
        p=strchr(str, ch);
    }
    printf("替换后：%s\n", str);
    return 0;
```

```
    }
```
程序输出见图 10-6。

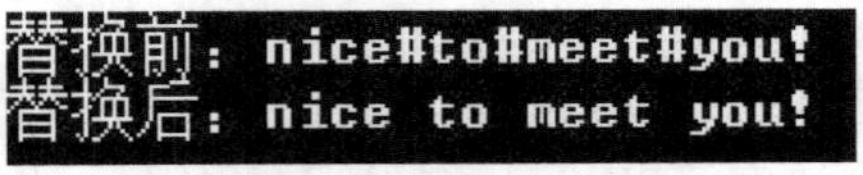

图 10-6　使用 strchr() 函数

8．strstr() 函数

一般形式如下：

```
    strstr(char * str, const char * substr);
```

strstr 由单词 string 的前 3 个字符 str 和单词 string 中的前 3 个字符 str 组成，其作用是在字符串 str 中从左往右查找字符串 substr，如果找到，将返回存放字符串 sbustr 首元素的内存地址，否则返回 NULL（表示空地址）。

【例 10-7】　使用 strstr() 函数，找出英文句子中某个单词出现的次数（chp10_7.c）。

```c
#include <stdio.h>
#include<string.h>
int main()
{
    char    str[] = "how do you do";
    char    substr[] = "do";
    int    count = 0;                          // 计数
    char    *current = str;                    // 查找起始位置
    char    *end = str + strlen(str);          // 查找结束位置
    char    *result;
    printf("%s\n", str);
    while(current<end)
    {
        result = strstr(current, substr);
        if(result!= NULL)
        {
            count++;
            printf("在索引位置%d 找到第%d 个%s\n", result-str, count, substr);
            current = result + strlen(substr);        // 起始位置更新以便查找下一个单词
        }
        else
        {
            break;
        }
    }
    return 0;
}
```
程序输出见图 10-7。

9．strrev() 函数

一般形式如下：

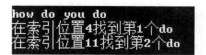

图 10-7　使用 strstr()函数

```
char *strrev(char *s);
```

strrev 由单词 string 的前 3 个字符 str 和单词 reverse 中的前 3 个字符 rev 组成，其作用是将字符串 s 的所有字符的顺序颠倒过来（不包括空字符），最后返回指向颠倒顺序后的字符串指针。

【例 10-8】　使用 strrev()函数（chp10_8.c）。

```
#include <stdio.h>
#include <string.h>
int main()
{
    char    str[] = "123456";
    puts("before reverse: ");
    puts(str);
    strrev(str);
    puts("after reverse: ");
    puts(str);
    return 0;
}
```

程序输出见图 10-8。

before reverse:
123456
after reverse:
654321

图 10-8　使用 strrev()函数

10．strupr()函数

一般形式如下：

```
char *strupr(char *s);
```

strupr 是由单词 string 的前三个字符 str 和单词 uppercase 的三个字符 upr 组成，该函数的作用是将字符串 s 中的全部小写字母转换成大写字母，其他字符不做更改。函数的返回值为指向字符串 s 的指针。

【例 10-9】　使用 strupr()函数（chp10_9.c）。

```
#include <stdio.h>
#include <string.h>
int main()
{
    char    str[] = "Hello, nice to meet you!";
    puts("before operation: ");
    puts(str);
    strupr(str);
    puts("after operation: ");
```

```
    puts(str);
    return 0;
}
```

程序输出见图 10-9。

```
before operation:
Hello, nice to meet you!
after operation:
HELLO, NICE TO MEET YOU!
```

图 10-9　使用 strupr()函数

11．strlwr()函数

strlwr()函数的一般形式如下：

```
char *strlwr(char *s);
```

strlwr 由单词 string 的前 3 个字符 str 和单词 lowercase 的 3 个字符 lwr 组成，其作用是将字符串 s 中的全部大写字母转换成小写字母，其他字符不做更改。函数的返回值为指向 s 的指针。

【例 10-10】 使用 strupr()函数（chp10_10.c）。

```
#include <stdio.h>
#include <string.h>
int main()
{
    char    str[] = "Hello, Nice to Meet You!";
    puts("before operation: ");
    puts(str);
    strlwr(str);
    puts("after operation: ");
    puts(str);
    return 0;
}
```

程序输出见图 10-10。

```
before operation:
Hello, Nice to Meet You!
after operation:
hello, nice to meet you!
```

图 10-10　使用 strlwr()函数

本章小结

本章详细介绍了字符串的使用。char 型指针可以指向字符数组，也可以指向字符串；可以使用格式符“%c”和“%s”对字符串进行逐个输出和整体输出；可以使用函数 puts()将字符串进行整体输出，可以使用函数 gets()获取从键盘输入的字符串；可以调用库函数对字符串进行复制、连接、比较、查找、反转等操作。

习 题 10

一、改错

1. 下面程序查找 str 所指字符串是否包含字符 ch，如包含，程序输出 "str 已包含字符 ch"；如不包含，则将 ch 插入到 str 所指字符串的后面并输出新的 str。

```c
#include<stdio.h>
#include<string.h>
void function(char* str, char ch);
int main()
{
    char    str[100];
    char    ch;
    printf("请输入一个字符串: ");
    gets(str);
    printf("请输入要查找的字符: ");
    ch = getchar();
    getchar();
    function(str,ch);
    return 0;
}
void function(char str, char ch)
{
    char    *start = str;
    while(*str!= '\0' && *str != ch)
    {
        str++;
    }
    if(*str != '\0')
    {
        str[0] = ch;
        str[1] = '\0';
        printf("%s\n", start);
    }
    else
    {
        printf("%s 已包含字符%c", start, ch);
    }
}
```

2. 下面程序将 str 所指字符串的正序和反序进行连接，存放到 dest 所指的字符数组中。例如，当 str 所指的字符串是"abc"时，dest 所指字符数组中的内容为"abccba"。

```c
#include<stdio.h>
#include<string.h>
void fun(char* dest, char *str);
int main()
{
    char    str[80], dest[80];
    printf("请输入一个字符串: ");
```

```
        gets(str);
        fun(dest, str);
        printf("%s\n", dest);
        return 0;
    }
    void fun(char *dest, char *str)
    {
        int   i, len;
        len = strlen(str);
        for(i=0; i<len; i++)
        {
            dest[i] = str[i];
        }
        for(i=0; i<len; i++)
        {
            dest[len+i] = str[len-i];
        }
        dest[2*len] = '/0';
    }
```

3. 下面的程序将字符串 str 连接到字符串 dest 的后面。例如,输入"abc"和"123"时,输出"abc123"。

```
    #include<stdio.h>
    #include<string.h>
    void scat(char* dest, char *str);
    int main()
    {
        char   str[80], dest[80];
        gets(dest);
        gets(str);
        scat(dest, str);
        printf("%s\n", dest);
        return 0;
    }
    void scat(char* dest, char *str)
    {
        int   i = 0;
        int   j = 0;
        while(dest[i] = '\0')
        {
            i++;
        }
        while(str[j] == '\0')
        {
            dest[i] = str[j];
            i++;
            j++;
        }
        dest[j] = '\0';
```

```
        }
```

二、程序填空

4. 下面程序将字符数组 arr 中特定的字符删除，请补全程序。

```c
#include <stdio.h>
int main(){
    char    arr[80];
    char    ch;
    int    i;
    int    k = 0;
    printf("请输入一串字符: \n");
    _____;
    printf("请输入要删除的字符: \n");
    _____;
    getchar();
    for(i = 0; i<strlen(arr); i++)
    {
        if(arr[i] != ch)
        {
            arr[k] = arr[i];
            _____;
        }
    }
    arr[k]='\0';
    printf("删除给定字符%c 后的字符串为: %s\n", ch, arr);
    return 0;
}
```

5. 以下程序将字符数组 str1 中的前 n 个字符复制到字符数组 str2 中，补全程序。

```c
#include <stdio.h>
int main()
{
    char    str1[80], str2[80];
    int    i = 0;
    int    n;
    gets(str1);
    scanf("%d", &n);
    getchar();
    for(i=0; _____;i++)
    {
        _____;
    }
    _____;
    printf("%s\n", str2);
    return 0;
}
```

三、读程序，分析并写出运行结果

6.
```c
#include<stdio.h>
```

```
int main()
{
    char    str[] = {'c','o','m','\0','i','n','g'};
    printf("%s\n", str);
    return 0;
}
```

7.
```
#include<stdio.h>
int main()
{
    char    str[] = "language";
    char    *p = str;
    puts(p);
    puts(p+1);
    puts(p+2);
    return 0;
}
```

8.
```
#include<stdio.h>
int main()
{
    char    str[20] = "abcdef";
    int    len = strlen(str);
    int    i;
    for(i=len-1; i>=0; i--)
    {
        printf("%c", str[i]);
    }
    return 0;
}
```

9.
```
#include <stdio.h>
#include<string.h>
int main()
{
    char    chs[10] = "nice\0to meet you";
    int    i;
    int len = strlen(chs);
    printf("长度为: %d\n", len);
    for(i=0; i<len; i++)
    {
        printf("%c", chs[i]);
    }
    printf("\n");
    for(i=0; i<10; i++)
    {
```

```
            printf("%c", chs[i]);
        }
        return 0;
    }
```

10.
```
#include<stdio.h>
int main()
{
    char    str[] = "How do you do, Nice to MEET you!";
    int    i;
    int    len = strlen(str);
    for(i=0; i<len; i++)
    {
        if(str[i]>'A' && str[i]<'Z')
        {
            str[i] = str[i] + 32;
        }
    }
    puts(str);
    return 0;
}
```

四、编程题

11. 输入一行字符，分别统计出其中英文字母、数字和其他字符的个数。

12. 定义一个字符数组，从键盘给该字符数组赋值（小于 20 个字符），编写程序判断用户从键盘输入的字符是否是对称的。例如，从键盘输入"abcba"，则程序输出"abcba 是对称的"；输入"abcbb"，则程序输出 "abcbb 不是对称的"。

13. 输入 3 个字符串，按字典序从小到大进行排序，将排序后的字符串输出。

第11章 结构体、共用体和枚举

☒ 掌握结构体类型的定义及使用
☒ 掌握结构体数组及指针的使用
☒ 掌握共用体类型的定义及使用
☒ 掌握枚举类型的定义及使用

前面介绍的数据类型，如 int、float、double 等都是 C 语言已经定义好的基本数据类型。仅有这些数据类型还不足以解决现实生活中比较复杂的问题，所以 C 语言提供了相应的方式，允许程序员自定义新的数据类型，如结构体、共用体、枚举，用来存放复杂数据。

本章介绍的数据类型包括结构体类型、共用体类型、枚举类型。结构体类型应用比较广，所以它将是本章的重点和难点。

11.1 基本技能

C 语言中的自定义类型有结构体类型、共用体类型、枚举类型。本部分将详细介绍自定义类型的定义及使用，并通过示例代码来演示，帮助读者理解并掌握相关知识点。

11.1.1 结构体类型

1. 结构体类型的概念及定义

书是大家经常接触的一类事物，每本书都具有书名、作者、价格等信息，为了描述一本书，需要将书名、作者、价格这些信息存放到程序中。可以使用字符指针（或字符数组）来存储书名和作者，可以使用 float 型或 double 型变量来表示价格，按照之前编写程序的方式，写出的代码如下：

```
char    *bookName;              // 存储书名
char    *bookAuthor;            // 存储书的作者
double  bookPrice;             // 存储书的价格
```

但是我们会发现这样一个问题：这三个变量之间互相没有关系，是相互独立的，而实际上它们是有关系的，都是用来描述同一本书的变量。换句话说，这三个变量应该"绑定"在一起使用，以突出它们组合在一起描述同一本书这个关系。在 C 语言中，关键字 struct 用来绑定这三个变量。将这三个变量绑定以后，就形成了一种新的数据类型，我们就可以使用这种新的类型来描述书这类事物。这种新的类型就是将要介绍的结构体类型。

定义结构体类型的语法格式如下：

```
struct 结构体类型的名字
```

```
        {
            结构体内容
        };
```

例如，上面提到的书，使用结构体描述如下：

```
        struct Book
        {
            char    *name;                    // 存储书名
            char    * author;                 // 存储书的作者
            double    price;                  // 存储书的价格
        };
```

这样就自定义了一种类型：结构体类型。这个结构体类型的名字为 struct Book，它与系统提供的类型名字（如 int、double 等）一样，都是类型的名字，都可以用来定义变量，区别在于一个是自定义的，另一个是系统自带的。

{ }中的变量都称为结构体的成员，如 struct Book 结构体有 3 个成员，分别是 name、author 和 price。

2．结构体类型的变量

有了结构体类型以后，就可以定义该类型的变量。例如：

```
        struct Book book;
```

这句代码定义了结构体类型 struct Book 的一个变量，变量的名字为 book。对于结构体变量 book，我们可以使用"."运算符来访问它的成员。例如：

```
        book.name="C language";
        book.author="Tan zhiguo";
        book.price = 36.0;
```

以上三行代码执行后，结构体变量 book 的 3 个成员就都有新的值。注意：每个变量都占有相应的内存空间，如 int 类型的变量所占的内存大小为 4 字节（假设系统给 int 类型的变量分配 4 字节），而对于结构体变量，其所占的内存是所有成员所占内存的总和。

也可以在定义结构体变量的同时将成员初始化，初始化格式为{ }括起的、用","分隔的若干个值指定为成员的新的初始值，如

```
        struct Book book = {"C language", "Tan zhiguo", 36.0};
```

与上面三行代码完成的功能完全一样。

【例 11-1】 结构体变量的定义及使用（chp11_1.c）。

```
        #include <stdio.h>
        struct Book
        {
            char    *name;
            char    *author;
            double    price;
        };
        int main()
        {
            struct Book    book;
            book.name = "C language";
            book.author = "Tan zhiguo";
```

```
    book.price = 36;
    printf("%s\n", book.name);
    printf("%s\n", book.author);
    printf("%lf\n", book.price);
    return 0;
}
```

程序输出见图 11-1。

```
C language
Tan zhiguo
36.000000
```

图 11-1　结构体变量的输出结果

在上述代码中，使用结构体类型名 struct Book 来定义变量 book。这里类型名由 struct 和 Book 两个单词组成，当类似这种代码比较多时，书写时不是很方便。

C 语言提供了关键字 typedef 来声明新的类型名。typedef 的用法如下：

```
typedef 已有类型的名字 新类型名字;
```

例如，如果定义：

```
typedef int   integer;
```

则以下两句代码等价：

```
int   x;
integer   x;
```

也就是说，integer 是类型 int 的新名字，用 integer 和 int 来定义变量没有区别。同样，可以给 struct Book 取一个新的等价的名字，如

```
struct Book
{
    char   *name;
    char   *author;
    double   price;
};
typedef struct Book   BOOK;
```

则 BOOK 就是新的类型名，而

```
struct Book   book;
```

和

```
BOOK   book;
```

就是两条等价的语句，都用来定义结构体变量 book。

也可以在定义结构体类型的时候，就给其指定一个新的类型名。例如：

```
typedef
struct Book
{
    char   *name;
    char   *author;
    double   price;
} BOOK;
```

给结构体类型 struct Book 指定了等价的类型 BOOK。在上述定义中，strcut 后的单词 Book 可以省略。例如：

```
typedef
struct
{
    char    *name;
    char    *author;
    double price;
} BOOK;
```

其效果跟不省略 Book 时一样。

11.1.2 结构体数组

当存储一本书时，需要用一个结构体变量来存储该书的书名、作者以及价格等信息，当程序需要存储多本书时，就需要用到结构体数组。结构体数组中的每个元素都是结构体类型的变量，可以用来存储一本书的信息。

【例 11-2】 结构体数组的使用（chp11_2.c）。

```
#include <stdio.h>
struct Book
{
    char * name;
    char * author;
    double price;
};
typedef struct Book    BOOK;
int main()
{
    BOOK books[3] = {{"C language","Tan zhiguo",36}, {"Java language","Zhang san",28},
                    {"C plus plus","Wang xingxing",46}};
    int    i = 0;
    printf("书名              作者                价格\n");
    for(i = 0; i<3; i++)
    {
        printf("%s\t", books[i].name);
        printf("%s\t", books[i].author);
        printf("%lf\t", books[i].price);
        printf("\n");
    }
    return 0;
}
```

程序输出见图 11-2。

图 11-2　结构体数组的使用

【例 11-3】 用结构体来描述学生（包括姓名、学号），从键盘输入 3 个学生的信息，然后按照学生学号从小到大输出学生信息（chp11_3.c）。

```c
#include <stdio.h>
#define        N    3
typedef
struct
{
    char    name[20];
    int    stuNum;
} Student;
int main()
{
    Student    stus[N];
    Student    temp;
    int    i, j, k;
    for(i = 0; i<N; i++)
    {
        printf("请输入第%d 个学生的姓名：", i+1);
        scanf("%s", stus[i].name);
        printf("请输入第%d 个学生的学号：", i+1);
        scanf("%d", &stus[i].stuNum);
    }
    for(i=0; i<N-1; i++)                              // 根据学号进行选择排序
    {
        k=i;
        for(j=i+1; j<N; j++)
        {
            if(stus[j].stuNum < stus[k].stuNum)
            {
                k = j;
            }
        }
        temp = stus[k];
        stus[k] = stus[i];
        stus[i] = temp;
    }
    printf("按学号排序的结果：\n");
    printf("\n 学号      姓名\n");
    for(i = 0; i<N; i++)
    {
        printf("%d\t", stus[i].stuNum);
        printf("%s\t", stus[i].name);
        printf("\n");
    }
    return 0;
}
```

程序输出见图 11-3。

图 11-3　结构体数组的使用

注意：同类型的结构体变量之间可以相互赋值，如上述程序中的代码 stus[k] = stus[i]。

结构体变量 stus[i] 将自己成员的值逐个赋给 stus[k] 的对应成员，也就是说，结构体变量 stus[i] 的成员 name 的值赋给了结构体变量 stus[k] 的成员 name，结构体变量 stus[i] 的成员 stuNum 的值赋给了结构体变量 stus[k] 的成员 stuNum。

11.1.3　结构体指针和函数

1．结构体指针

指针既可以指向基本类型变量，也可以指向结构体类型变量。例如：

```
typedef
struct
{
    char    name[20];
    int    stuNum;
} Student;
Student    stu;                          // 声明结构体变量 stu
Student    * pStu = &stu;
```

pStu 就是指向结构体变量 stu 的指针，称为结构体指针。注意，结构体指针 pStu 的值就是结构体变量 stu 的起始地址。换句话说，当把结构体变量的起始地址赋给一个指针变量时，则指针变量就指向了该结构体变量。

结构体指针可以通过运算符 "->" 或者 "*." 访问它指向的结构体变量的成员。格式如下：

```
指针->结构体变量的成员；
(*指针).结构体变量的成员；
```

【例 11-4】 通过结构体指针访问结构体变量的成员（chp11_4.c）。

```
#include <stdio.h>
typedef
struct
{
    char    name[20];
    int    stuNum;
} Student;
```

```c
int main()
{
    Student stu = {"张三",123};
    Student *pStu = &stu;

    printf("通过运算符: . 访问结构体变量的成员: \n");
    printf("学生姓名: %s\n", stu.name);
    printf("学生学号: %d\n", stu.stuNum);

    printf("\n 通过运算符: -> 访问结构体变量的成员: \n");
    printf("学生姓名: %s\n", pStu->name);
    printf("学生学号: %d\n", pStu->stuNum);

    printf("\n 通过运算符: *. 访问结构体变量的成员: \n");
    printf("学生姓名: %s\n", (*pStu).name);
    printf("学生学号: %d\n", (*pStu).stuNum);
    return 0;
}
```

程序输出见图 11-4。

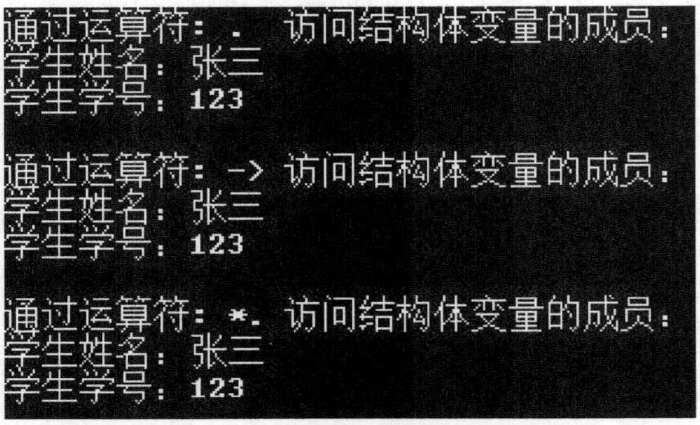

图 11-4　访问结构体变量的成员

2. 指向结构体数组的指针

可以用指针变量指向结构体数组的元素。

【例 11-5】　指向结构体数组的指针（chp11_5.c）。

```c
#include <stdio.h>
#define N 3
typedef
struct
{
    char    name[20];
    int    stuNum;
}Student;

int main()
{
    Student    stus[N] = {{"张三",123}, {"李四",124}, {"王五",125}};
    Student    *pStu;
    printf("姓名    学号\n");
```

```
        for(pStu = stus; pStu < stus +N ; pStu++)
        {
            printf("%s     %d\n", pStu->name,pStu->stuNum);
        }
        return 0;
    }
```

程序输出见图 11-5。

图 11-5　结构体数组指针

程序分析：在 for 循环中，指针 pStu 被赋值为 stus，即指针 pStu 指向数组 stus 的第 0 个元素（pStu=stus+0），循环条件 pStu<stus+ N（N=3）成立，在 for 循环体中输出第 0 个元素的信息（"张三"和 123），接着，指针 pStu 执行自增操作，执行自增操作后，pStu= stus+ 1，pStu 就指向了数组 stus 的第 1 个元素，循环条件 pStu<stus+ N 依然成立，接着在 for 循环体中输出第 1 个元素的信息（"李四"和 124）……如此循环。当 pStu 执行 N 次自增操作后，pStu 的值为 stus+ N，循环条件 pStu<stus+ N 不再满足，退出 for 循环。

3．结构体变量或指针作为函数的参数

函数的参数除了可以是基本数据类型的变量或指针外，也可以是结构体变量或者结构体指针。如果用结构体变量作为函数的参数，则实参必须是同类型的结构体变量，调用函数时，实参中成员的值会一一赋值给形参对应的成员。赋完值以后，实参与形参就没有了联系，故形参改变自己成员变量的值不会影响到实参对应成员的值。

如果用结构体指针作为函数的参数，实参必须是指向同类型结构体变量的指针。调用函数时，实参将值（其值为所指向的结构体变量的首地址）赋给形参，这时实参和形参的值都是某个结构体变量的首地址，都指向该结构体变量。所以，当形参修改某个成员的值时，实参对应成员的值也跟着改变。

【例 11-6】　结构体变量或指针作为函数的参数（chp11_6.c）。

```
#include <stdio.h>
#define N 3
typedef
struct
{
    char    name[20];
    int     stuNum;
}Student;

void input(Student *pStu);
void output(Student stu);

int main()
{
    Student    stus[N];
```

```
        int    i = 0;
        printf("请输入%d 个学生的姓名和学号，姓名和学号之间以空格分隔：\n", N);
        for(i=0; i<N; i++)
        {
            input(&stus[i]);
        }
        printf("\n 学生的信息为：\n");
        for(i=0; i<N; i++)
        {
            output(stus[i]);
        }
        return 0;
    }
    void input(Student* pStu)
    {
        scanf("%s %d", pStu->name, &pStu->stuNum);
    }
    void output(Student pStu)
    {
        printf("-------------------------------\n");
        printf("姓名：%s，学号：%d\n", pStu.name, pStu.stuNum);
    }
```

程序输出见图 11-6。

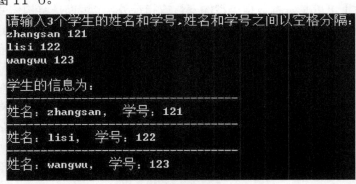

图 11-6　结构体变量或指针作为函数的参数

11.1.4　共用体类型

共用体类型也属于程序员自定义的类型，使用关键字 union 来定义。定义共用体类型的格式如下：

```
    union 共用体类型的名字
    {
        成员列表
    };
```

例如：

```
    union Data
```

```
    {
        int   x;
        char  y;
    };
```

有了共用体类型后，就可以定义该类型的变量。例如：

```
    union Data   data;
```

data 就是共用体类型 union Data 的一个变量。

注意：与结构体不同，共用体类型的变量所占的内存空间大小是其成员中所占内存最大的那个成员所占的内存大小，所以共用体变量 data 所占的内存是它的成员 x 所占的内存大小，即 4 字节（假设 int 类型变量所占内存为 4 字节），成员 x 和 y 共享这 4 字节的内存空间，这也正是共用体这个名字的由来。

与结构体一样，也可以使用"."运算符访问共用体变量的成员。

【例 11-7】 共用体变量的使用（chp11_7.c）。

```
    #include <stdio.h>
    union Data
    {
        int   x;
        char  y;
    };
    int main()
    {
        union Data    data;
        data.x = 353;                               // 256 + 97
        printf("data.x: %d\n", data.x);
        printf("data.y: %c\n", data.y);
    }
```

程序输出见图 11-7。

```
data.x: 353
data.y: a
```

图 11-7 共用体变量的使用

程序分析：共用体变量 data 的两个成员 x 和 y 共享 4 字节的存储空间，执行代码"data.x = 353;"后，这 4 字节在内存中的情况如下所示（十进制数 353 的二进制表示）：

00000000	00000000	00000001	01100001

由于 data 的成员 y 是 char 类型，占用 1 字节的内存，所以这 4 字节中最低字节的值被赋给了 y，因此成员 y 的值为 01100001，转换为十进制的值为 97。当以格式%c 输出时，输出 ASCII 表中 97 所对应的字符'a'。

11.1.5 枚举类型

如果一个变量的取值被限定在几个固定的值中，那么该变量应该声明为枚举类型。枚举就是把所有的值一一列举出来。

枚举类型也是自定义类型，定义枚举类型的格式如下：

```
enum 枚举类型的名字
{
    常量列表;
};
```

例如：

```
enum Weekday
{
    sun, mon, tus, wed, thu, fri, sat;
}
```

定义了枚举类型 enum Weekday，该类型的变量的取值只限于"{ }"中的值。"{ }"中的 sun、mon、tus、wed、thu、fri、sat 称为枚举常量（枚举常量的命名规则与标识符一样），这些枚举常量的值按在大括号中的顺序依次为 0、1、2、3、4、5、6。

在定义枚举常量时，也可以指定枚举常量的值，而对于没有指定值的枚举常量，其值为上一个枚举常量的值加 1。例如：

```
enum Weekday
{
    sun=7, mon=1, tus, wed, thu, fri, sat;
}
```

那么，tus=mon+ 1=2，wed = tus + 1 =3，thu = wed+ 1 = 4，fri = thu + 1 =5，sat = fri+ 1 = 6。

有了枚举类型后，就可以定义该类型的变量。例如：

```
enum Weekday week;
```

声明了枚举类型 enum Weekday 的一个变量，该变量的名字为 week。变量 week 的取值只能为 sun、、mon、tus、wed、thu、fri、sat 中的一个。例如：

```
week = fri;
```

【例 11-8】 枚举变量的使用（chp11_8.c）。

```
#include <stdio.h>
typedef
enum
{
    spring, summer, autumn, winter
} Season;

void output(Season season);

int main()
{
    Season season;
    for(season = spring; season <= winter; season++)
    {
        output(season);
    }
}
void output(Season season)
{
```

```
switch(season)
{
    case spring:
        printf(" 春天   ");
        break;
    case summer:
        printf(" 夏天   ");
        break;
    case autumn:
        printf(" 秋天   ");
        break;
    case winter:
        printf(" 冬天   ");
        break;
    default:
        break;
}
```

程序输出见图 11-8。

图 11-8　枚举类型

11.2　增量项目驱动

根据第 2 章的介绍，本章实现"显示多位数或者多位小数"的功能，参考代码见 9.2 节。其中，图 11-9、图 11-10、图 11-11 为参考代码的输出结果。

图 11-9　显示 2 位整数（LED_Int_Max 值为 2，LED_Fra_Max 值为 0）

图 11-10　显示 2 位小数（LED_Int_Max 值为 0，LED_Fra_Max 值为 2）

图 11-11　显示 3 位整数和 3 位小数（LED_Int_Max 值为 3，LED_Fra_Max 值为 3）

〖增量 9〗　显示多位数字或者多位小数（可修改程序中 LED_Int_Max 和 LED_Fra_Max

的值，来调整整数部分显示的数字个数和小数部分显示的数字个数）。

```c
#include <stdio.h>                          /* 包含输入输出所需要的库函数的头文件 */
#define    LED              int             /* 定义 LED 宏 */
#define    LED_Int_Max      3               /* 定义整数部分长度 */
#define    LED_Fra_Max      3               /* 定义小数部分长度 */
typedef struct
{
    LED    Integer[LED_Int_Max];           /* 整数部分 */
    LED    Fractional[LED_Fra_Max];        /* 小数部分 */
} LED_Number;
const int   LEDData[10][5][3];             /* LED 像素信息数组声明 */
int Show(LED_Number *ledn);                /* 函数声明 */
int main()
{
    LED_Number    ln;
    int    i;
    for(i = 0; i<LED_Int_Max; i++)
    {
        ln.Integer[i] = 9-i;
    }
    for(i = 0; i<LED_Fra_Max; i++)
    {
        ln.Fractional[i] = i;
    }
    Show(&ln);
    return 0;
}
int PrintLEDLine(int number, int line)              /* 拆分输出 LED 的每一行 */
{
    char    str[3] = {' ', ' ', ' '};               /* 要输出的行结构 */
    if(1 == LEDData[number][line][0])               /* 根据 LED 像素信息填充行结构 */
    {
        str[0] = 'X';
    }
    if(1 == LEDData[number][line][1])
    {
        str[1] = 'X';
    }
    if(1 == LEDData[number][line][2])
    {
        str[2] = 'X';
    }
    printf("%c%c%c ", str[0], str[1], str[2]);   /*输出行并在末尾加上分隔每个数字右边的空格*/
    return 0;
}
int Show(LED_Number *ledn)
```

```
{
    int   i;                                              /* 行数 */
    int   n;                                              /* 数字号码 */
    for(i = 0; i<5; i++)
    {
        for(n = 0; n != LED_Int_Max+1+LED_Fra_Max; n++)
        {
            if(n < LED_Int_Max)
            {
                PrintLEDLine(ledn->Integer[n], i);        /* 整数 */
            }
            else if(LED_Int_Max == n)
            {
                /* 整数部分和小数部分位数都为 0, 什么都不做 */
                if(LED_Int_Max == 0 && LED_Fra_Max == 0)
                {
                }
                /*整数部分为 0, 小数部分位数不为 0, 则整数部分打印一个 0*/
                else if(LED_Int_Max == 0)
                    PrintLEDLine(0, i);                   /* 整数 0*/
                }
                /* 小数位数为 0 时不需要打印小数点, 否则在第 4 行 (下标从 0 开始) 打印小数点 */
                if(LED_Fra_Max == 0)
                {
                }
                else if ( i != 4 )
                {
                    printf("   ");
                }
                else
                {
                    printf(" X ");
                }
            }
            else
            {
                PrintLEDLine(ledn->Fractional[n-LED_Int_Max-1], i);        /* 小数 */
            }
        }
        printf("\n");                                     /* 每行末尾回车 */
    }
    return 0;
}
/* LED 像素信息数组定义, 因为太长所以放在最下面
   共 10 个 LED, 每个有 5 行, 每行 3 个字符表示 */
const int LEDData[10][5][3] =
{
    {
```

```
        {1, 1, 1},
        {1, 0, 1},
        {1, 0, 1},
        {1, 0, 1},
        {1, 1, 1},
    },
    {
        {0, 0, 1},
        {0, 0, 1},
        {0, 0, 1},
        {0, 0, 1},
        {0, 0, 1},
    },
    {
        {1, 1, 1},
        {0, 0, 1},
        {1, 1, 1},
        {1, 0, 0},
        {1, 1, 1},
    },
    {
        {1, 1, 1},
        {0, 0, 1},
        {1, 1, 1},
        {0, 0, 1},
        {1, 1, 1},
    },
    {
        {1, 0, 1},
        {1, 0, 1},
        {1, 1, 1},
        {0, 0, 1},
        {0, 0, 1},
    },
    {
        {1, 1, 1},
        {1, 0, 0},
        {1, 1, 1},
        {0, 0, 1},
        {1, 1, 1},
    },
    {
        {1, 1, 1},
        {1, 0, 0},
        {1, 1, 1},
        {1, 0, 1},
        {1, 1, 1},
    },
```

```
        },
        {
            { 1, 1, 1 },
            { 0, 0, 1 },
            { 0, 0, 1 },
            { 0, 0, 1 },
            { 0, 0, 1 },
        },
        {
            { 1, 1, 1 },
            { 1, 0, 1 },
            { 1, 1, 1 },
            { 1, 0, 1 },
            { 1, 1, 1 },
        },
        {
            { 1, 1, 1 },
            { 1, 0, 1 },
            { 1, 1, 1 },
            { 0, 0, 1 },
            { 0, 0, 1 },
        }
    };
```

本章小结

C 语言中的自定义类型有结构体类型、共用体类型、枚举类型。

结构体类型由关键字 struct 来声明，结构体变量所占内存是其所有成员所占内存之和。结构体变量可以通过 "." 运算符访问自己的成员。指向结构体变量的指针可以通过 "->" 或者 "*." 运算符访问其所指向的结构体变量的成员。指向结构体变量的指针和结构体变量都可以作为函数的参数。

共用体类型由关键字 union 来声明，共用体变量所占内存大小等于其所有成员当中占用内存最大的那个成员所占的内存大小，共用体变量的成员共享这块内存。这也是 "共用体" 名称的意义所在。

枚举类型由关键字 enum 来声明，其变量的值只能为枚举常量列表中的其中一个。

习 题 11

一、改错

1.

```
#include<stdio.h>
struct Person
{
    char    *name;
```

```
        int    age;
    };
    int main()
    {
        Person    p = {"zhangsan", 18};
        printf("%s\n", p.name);
        printf("%d\n", p.age);
        return 0;
    }
```

2.
```
    #include<stdio.h>
    typedef
    struct
    {
        char    name[20];
        int    age;
    } Person;
    int main()
    {
        Person    p;
        scanf("%s", &p.name);
        getchar();
        scanf("%d", p.age);
        getchar();
        printf("%s\n", p.name);
        printf("%d\n", p.age);
        return 0;
    }
```

3.
```
    #include<stdio.h>
    typedef
    struct
    {
        char    name[20];
        int    age;
    } Person;
    int main()
    {
        Person    p = {"zhangsan",12};
        Person    *pointer = &p;
        printf("%s\n", p.name);
        printf("%s\n", pointer.name);
        printf("%s\n",(*pointer)->name);
        return 0;
    }
```

4.

```c
#include<stdio.h>
typedef
struct
{
    char   name[20];
    int   age;
} Person;
void input(Person *pt);
void output(Person p);
int main()
{
    Person   p;
    input(p);
    output(p);
    return 0;
}
void input(Person *pt)
{
    scanf("%s", pt->name);
    getchar();
    scanf("%d", &pt->age);
    getchar();
}
void output(Person p)
{
    printf("%s\n", p.name);
    printf("%d\n", p.age);
}
```

二、程序填空

5.
```c
#include <stdio.h>
typedef
struct
{
    int   year;
    int   month;
    int   day;
} Date;
int main()
{
    Date   date;
    Date   *dp = &date;
    printf("请输入一个日期（如 2015-5-2）: ");
    scanf("%d-%d-%d", _____, &date.month, &date.day);
    getchar();
    printf("您输入的日期是: %d-%d-%d", dp->year, _____, dp->day);
    return 0;
}
```

6.
```c
#include <stdio.h>
#define       N    5
typedef
struct
{
    char    name[30];
    double    height;
} Person;
int main()
{
    int   i, m;
    Person   persons;
    printf("输入%d 个人的姓名和身高.\n", N);
    printf("输入格式为：姓名 身高（按 enter 键确认）.\n");
    printf("名称中不能有空格！\n");
    for(i = 0; i<N; i++)
    {
        scanf("%s%lf", _____, &persons[i].height);
        getchar();
    }
    for(m = N-1; m>=0; m--)
    {                               // 用冒泡法对数组 persons 排序（按身高从低到高排序）
        for(i=0; i<m; i++)
        {
            if(persons[i].height>persons[i+1].height)
            {
                Person p = persons[i];
                _____;
                _____;
            }
        }
    }
    printf("按身高从低到高的顺序是：\n");
    for(i = 0; i<N; i++)
    {
        printf("%s %0.2lf\n", persons[i].name, persons[i].height);
    }
    return 0;
}
```

三、读程序，分析并写出运行结果

7.
```c
#include <stdio.h>
struct Point
{
    int   x;
```

```
    int    y;
};
int main()
{
    printf("int: %d\n", sizeof(int));
    printf("Point: %d\n", sizeof(struct Point));
    return 0;
}
```

8.
```
#include <stdio.h>
union Data
{
    int    x;
    char   y;
};
int main()
{
    int    size;
    size = sizeof(union Data);
    printf("size: %d\n", size);
    return 0;
}
```

9.
```
#include <stdio.h>
typedef
struct
{
    char    name[30];
    int    age;
} Person;
int main()
{
    Person    persons[3] = {{"zhangsan",19}, {"lisi", 20}, {"wangwu",21}};
    Person    * pointer;
    for(pointer = persons+2; pointer>=persons; pointer--)
    {
        printf("%s,%d\n", pointer->name, pointer->age);
    }
    return 0;
}
```

四、编程题

10. 定义时间（包括小时、分钟、秒）的结构体数据类型，然后定义该结构体类型的一个变量，从键盘给该变量赋值，并输出该变量所表示的时间。

11. 定义一个点的结构数据类型，实现下列功能：

（1）给点输入坐标值。

（2）求两个点的中点坐标。

（3）求两点间距离（提示：使用 math.h 中的函数 sqrt(num)求 num 的平方根）。

12. 定义一个结构体类型 Student，包括两个成员变量：姓名（字符数组类型），数学成绩（int 类型）。声明该结构体类型的数组，该数组有 5 个元素。编写程序，通过键盘输入给该结构体数组赋值，并输出这 5 个元素中数学成绩最高的那个元素的姓名和数学成绩。

第12章 读写文件

✠ 了解文件的概念及其分类
✠ 掌握使用库函数对文本文件进行读写操作
✠ 掌握使用库函数对二进制文件进行读写操作
✠ 掌握使用库函数对文件进行随机读写操作

本章主要介绍文件的概念、分类以及使用 C 语言库函数对文件进行读写操作。使用文件，程序可以将内存中的某些数据永久地保存到磁盘中，达到重复利用的目的。对文件进行读写有两种方式：顺序读写和随机读写。

12.1 基本技能

本节将详细介绍与文件处理相关的各知识点，并通过示例代码来演示，帮助读者掌握并灵活运用各知识点。

12.1.1 文件

1．文件概述

大家对于文件应该不会陌生，如经常使用的 Word 文件、Excel 文件、记事本文件等。文件给我们的一个直观感受是用来存储数据的。例如，打开一个 Word 文档，在其中输入一些数据，然后保存，输入的数据就被保存到磁盘（包括硬盘、U 盘等）中。如果需要使用这些数据，直接打开这个文件即可，而不需要重新将数据再输入一次。如果直接将 Word 文档关闭且不保存，则输入的数据随着文件关闭而丢失，这是由于这些数据保存在内存中而不是磁盘中的缘故。前面章节中的程序中用到的变量及其值也是存储在内存中的，程序运行结束或者关闭计算机时，这些变量及其值将不复存在。在很多情况下，需要将这些变量及其值永久保存下来，即将数据保存到磁盘中（即保存到文件中），当以后需要再次使用这些数据时，只需从这个文件中读取数据即可。

所以说，文件是存储在外部介质（如硬盘）中的数据的集合。每个文件都有文件名（主干）、文件存储位置及文件类型（扩展名）等信息。

例如，"G:\tzhg\temp.txt" 表示 temp 这个文件存储在 G 盘的 tzhg 文件夹中，它是一个 txt 文件，即文本文件。

2．文件分类

文件分为文本文件和二进制文件。

文本文件中的数据都被当成字符来处理，二进制文件中的数据会被当成二进制流处理。例如，有一个整数 123，如果将其当成文本文件来对待，则会按照字符'1'、'2'、'3'来处理，存储时会将这些字符对应的 ASCII 码存储到磁盘中。磁盘中存储的信息如下：

00110001	00110010	00110011

如果将其当成二进制文件来处理，则会将整数 123 转化为二进制数 01111011 存储到磁盘中。简单地说，对于二进制文件，数据在内存中是什么形式，在磁盘中就是什么形式。

12.1.2 读文本文件

1. 读取步骤

正如在 Windows 操作系统中读取文件一样，要通过 C 程序来读取文件，第一步应该先打开要读取的文件。在 C 程序中，通过库函数 fopen()打开文件。fopen()函数的调用方式如下：

fopen(文件名，打开文件方式);

例如：

fopen("G:\\tzhg\\temp.txt", "r");

表示要以读取的方式（r 表示 read，即读取）打开文件 G:\tzhg\temp.txt。注意，"\"作为转义字符的开始标志，所以要表示"\"本身，需要使用 2 个"\"，即"\\"。

打开文件后，还需要一个变量来关联打开的文件，以便接下来对其内容进行读取。这种关联文件的变量的类型是一种指向结构体类型的指针变量，类型名为 FILE *（FILE 结构体类型已经在头文件 stdio.h 中定义，程序中不需要再定义，使用时只需通过 include 指令引入该头文件即可）。例如，定义一个 FILE *类型的变量：

FILE * fp;

仅仅定义变量还不够，因为该变量没有赋值，所以还没有关联任何一个文件。可以通过以下语句给 fp 赋值：

fp = fopen("G:\\tzhg\\temp.txt", "r");

也就是说，函数 fopen()的返回值赋给了 fp，这样变量 fp 就与文件 G:\tzhg\temp.txt 相关联了，或者说 fp 指向了文件 G:\tzhg\temp.txt，对 fp 进行操作就相当于对文件 G:\tzhg\temp.txt 进行操作。如果 fopen()函数的返回值为 NULL，表示出错了（如要打开的文件不存在）。

打开文件方式除了"r"，还可以是"r+"。"r+"表示读和写，可以从文件中读取数据，也可以往文件中写入数据。但该文件必须先存在，否则 fopen()函数的返回值为 NULL。

成功打开文件后，就可以从指定文件中读取数据了。使用库函数 fgetc()或 fgets()从文件读取数据。fgetc()函数的原型如下：

char fgetc(FILE * p);

函数 fgetc()从文件中读取一个字符，参数 p 表示与某一个文件相关联的指针，即从参数 p 关联的那个文件读取数据。

每调用一次 fgetc()函数，就从相关联的文件按顺序读取一个字符，其返回值为读取到的字符。例如，假设某个文本文件中的内容为 abc，那么第一次调用 fgetc()函数读出的字符为'a'，第二次调用 fgetc 函数读出的字符为'b'，第三次调用 fgetc 函数读出的字符为'c'。由于文件只有 3 个字符，第 3 次调用 fgetc()函数时就读到了文件的最后一个字符。再调用 fgetc()函数进行第 4 次读取，则 fgetc()函数的返回值是 EOF（EOF 是在 stdio.h 中定义的符号常量，值为-1，是 end of file 的首字母缩写，表示文件的末尾）。程序可以通过 fgetc()函数的返回值是否等于 EOF 来判断是否已经读完了文件中的所有内容。

使用 fgetc()函数一次只能读取一个字符，能不能一次读取几个字符呢？答案是可以，fgets()函数可以从指定文件一次读取几个字符。fgets()函数的原型如下：

> char *fgets(char str[ ], int n, FILE *p);

fgets()函数从参数 p 所指向的文件一次读取 n-1 个字符，并将读取到的这 n-1 个字符存放到第一个参数所指定的字符数组 str 中，并在字符数组 str 的末尾添加一个空字符'\0'。每调用一次 fgets()函数，就从 p 所指向的文件中读取 n-1 个字符，直到读到文件的末尾。最后一次读取到的字符可能不足 n-1 个。如果没有读到文件的末尾（读成功），fgets()函数的返回值是地址 str，如果读到文件的末尾或是读数据出错，返回值则是 NULL。

当读完文件或者不需要再对文件进行操作时，应该将文件关闭。在 C 语言中，调用库函数 fclose()关闭已打开的文件。fclose()函数的原型如下：

> int fclose(FILE *fp);

归纳起来，读取文本文件中数据的步骤如下：① 使用 fopen()函数打开文件；② 使用 fgetc()函数或者 fgets()函数读取文件中的数据；③ 读取完毕，用库函数 fclose()关闭文件。

2．示例

【例 12-1】 使用 fgetc()函数读取文件中的内容（chp12_1.c）。

```
#include <stdio.h>
int main()
{
    // 第一步，打开文件，并让文件指针 fp 指向打开的文件
    FILE    * fp = fopen("E:\\file\\hello.txt","r");
    // 第二步，使用 fgetc()函数从文件中读取数据
    char    ch;
    if(fp != NULL)
    {
        ch = fgetc(fp);
        while(ch != EOF)
        {
            printf("%c", ch);
            ch = fgetc(fp);
        }
        // 第三步，关闭文件
        fclose(fp);
    }
    return 0;
}
```

输出结果见图 12-1。

```
hello, I am a student!
I am studying C language now!
welcome to join us!
```

图 12-1　使用 fgetc()函数读取文件

【例 12-2】 使用 fgets()函数读取文件中的内容（chp12_2.c）。

```c
#include <stdio.h>
int main()
{
    // 第一步，打开文件，并让文件指针 fp 指向打开的文件
    FILE    * fp = fopen("E:\\file\\hello.txt","r");
    // 第二步，使用 fgets()函数从文件中读取数据
    char    str[6];
    char    * result;
    if(fp != NULL)
    {
        result = fgets(str, 6, fp);
        while(result != NULL)
        {
            printf("%s", str);
            result = fgets(str, 6, fp);
        }
    }
    // 第三步，关闭文件
    fclose(fp);
    return 0;
}
```

输出结果见图 12-2。

```
hello, I am a student!
I am studying C language now!
welcome to join us!
```

图 12-2　使用 fgets()函数读取文件

12.1.3　写文本文件

1. 写文件步骤

程序运行时，数据一般都存储在内存中，当程序运行结束或者关闭计算机时，内存中的数据将丢失。当需要将数据永久地保存时，就要将这些数据写入到磁盘文件中。程序中的数据可以被当成两种类型来对待，即文本类型和二进制类型。例如，对于 0 来说，可以把它当成数字 0 来对待，也可以把它当成字符'0'来对待。如果将其当成字符'0'来对待，写入到文件中的数据是字符'0'的 ASCII 值 48，即二进制数 00110000。

将数据写入文本文件和从文本文件中读取数据，其过程类似，也分为三个步骤。

（1）以写入的方式打开文件

语法格式如下：

FILE   *fp = fopen(文件名，打开方式);

打开方式的取值有以下几种：

① "w"：以写入的方式打开一个文本文件，如文件不存在，则建立该文件；如文件已经存在，当向该文件写入新的数据时，该文件原来的数据将被清除掉。

② "a"：在文本文件的末尾添加数据（a 表示 append），如文件不存在，则建立新文件；如文件已经存在，当向该文件写入新的数据时，新的数据会附加在文件原来数据的末尾。

③ "r+"：以读取和写入的方式打开文件，可以从文件读取数据，也可以往文件写入数据，但这种方式要求打开的文件已经存在。

④ "w+"：以写入和读取的方式打开文件，可以从文件读取数据，也可以往文件写入数据。这种方式会新建一个文件（不管原来文件是否存在）。所以，以这种方式打开文件时，应该先写入数据到文件中，再从文件中读取数据。

⑤ "a+"：可以从文件读取数据，也可以往文件写入数据。写入数据时，新写入的数据会附加在原来数据的末尾。

（2）使用库函数 fputc()或 fputs()将数据写入到文件中

fputc()函数的原型如下：

int fputc(int ch, FILE *fp);

将 ch 这个字符写入到 fp 关联的那个文件中去，写入时会将 ch 添加到文件的末尾。如果写入成功，fputc()函数的返回值就是写入的字符 ch；如果不成功，返回值是 EOF（即-1）。

fputs()函数的原型如下：

int fputs(char str[], FILE *fp);

将字符数组 str 中的内容写入到 fp 所指向的文件中去。写入时，会将 str 数组中的内容添加在文件原来数据的末尾。如果写入成功，函数返回 0；如果写入失败，返回 EOF。

（3）数据写入完毕后，使用库函数 fclsoe()关闭文件

fclose(fp);

2．示例

【例 12-3】 使用 fputc()函数将数据写入文件中（chp12_3.c）。

```c
#include <stdio.h>
#include<string.h>
int main()
{
    // 第一步，打开文件，并让文件指针 fp 指向打开的文件
    FILE   * fp = fopen("E:\\file\\test.txt","w");
    // 第二步，使用 fputc()函数将数据写入文件中
    char   strs[3][20] = {{"abc"},{"123"},{"ABC"}};
    int   i;
    if(fp != NULL)
    {
        for(i=0; i<3;i ++)
        {
            int   j;
            for(j=0; j<strlen(strs[i]); j++)
            {
                fputc(strs[i][j], fp);          // 往 fp 指向的文件写入字符 strs[i][j]
            }
        }
        // 第三步，关闭文件
```

```
        fclose(fp);
    }
    return 0;
}
```

写入完毕后，test.txt 文件的内容见图 12-3。

图 12-3　写入完毕后 test.txt 文件的内容

【例 12-4】　使用 fputs 函数将数据写入文件中（chp12_4.c）。

```
#include <stdio.h>
#include<string.h>
int main()
{
    // 第一步，打开文件，并让文件指针 fp 指向打开的文件
    FILE   * fp = fopen("E:\\file\\test2.txt", "w");
    // 第二步，使用 fputs()函数将数据写入文件中
    char   strs[3][20] = {{"abc"}, {"123"}, {"ABC"}};
    int   i;
    if(fp != NULL)
    {
        for(i=0; i<3; i++)
        {
            fputs(strs[i], fp);              // 将字符数组 strs[i]写入文件指针 fp 关联的文件中
        }
        // 第三步，关闭文件
        fclose(fp);
    }
    return 0;
}
```

写入完毕后，test2.txt 文件的内容见图 12-4。

12.1.4　读写二进制文件

1. 读写步骤

读写二进制文件的步骤与读写文本文件的步骤类似。

（1）使用库函数 fopen 以二进制的方式打开文件

语法格式如下：

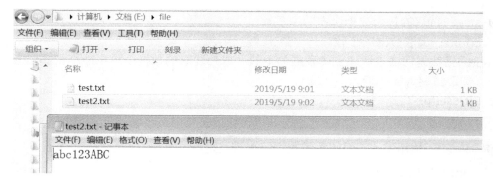

图 12-4　写入完毕，test2.txt 文件的内容

FILE　*fp = fopen(文件名，打开方式**);**

打开方式的取值有以下几种。

① "rb"：以二进制只读方式打开文件，程序将读取到的数据当成二进制数据进行处理，如果该文件不存在，fopen()函数返回 NULL。

② "wb"：以二进制只写的方式打开文件，程序将数据以二进制的方式写入文件。如果该文件已经存在，则写入数据时，文件原来的内容先被清除，再写入；如果文件不存在，则建立一个新文件，再写入数据。

③ "ab"：以二进制尾加的方式打开文件。写入数据时，新写入的数据添加在原来文件内容的后面。如果该文件不存在，fopen()函数返回 NULL。

④ "rb+"：以二进制读写的方式打开文件。如果该文件不存在，fopen()函数返回 NULL。

⑤ "wb+"：以二进制读写的方式打开文件。如果该文件存在，写入时，该文件原来的内容将先被清除掉，再写入；如果该文件不存在，则新建一个文件。这种方式只允许先往文件写入数据，再读取。

⑥ "ab+"：以二进制读写的方式打开文件。如果该文件不存在，fopen()函数返回 NULL。写入数据时，新写入的数据存放在文件原来数据的后面。这种方式也允许从文件读取数据。

（2）使用库函数从二进制文件中读写数据

使用 fread()函数从二进制文件中读取数据，使用 fwrite()函数往二进制文件中写入数据。fwrite()函数的原型如下：

int fwrite(void *buf, int size, int count, FILE *fp);

该函数接收 4 个参数。

① fp：将数据写入 fp 所指向的文件。

② buf：存放写入的数据，以 buf 作为起始地址的内存中的一段数据将写入到文件中。

③ size：写入到文件中的一个数据所占的字节数。

④ count：写入到文件中的大小为 size 的数据的个数。

fwrite()函数返回成功写入的数据的个数（成功写入的数据个数可能小于 count）。

fread()函数的原型如下：

int fread(void *buf, int size, int count, FILE *fp);

该函数接收 4 个参数。

① fp：从 fp 所指向的文件中读取数据。

② buf：存放读取到的数据，以 buf 为起始地址的内存区域存放从文件中读取到的数据。

③ size：读取的每个数据所占的字节数

④ count：读取数据的个数。

fread()函数返回成功读取到的数据的个数（成功读取的数据个数可能小于 count）。

（3）读取或写入完毕后，关闭文件

```
fclose(fp);
```

2．示例

【例 12-5】 使用 fwrite()函数将数据写入到二进制文件中（chp12_5.c）。

```
#include <stdio.h>
int main()
{
    int    a = 10;
    int    array[3] = {66,77,88};
    int    size = sizeof(int);
    // 第一步，打开文件，并让文件指针 fp 指向打开的文件
    FILE    * fp = fopen("E:\\file\\data.dat","wb");
    // 第二步，使用 fwrite()函数将数据写入文件中
    if(fp != NULL)
    {
        fwrite(&a, size, 1, fp);        // 将以变量 a 的地址开始的内存区域的一个数据写到 fp 指
                                        // 向的文件中，每个数据占 size 字节
        fwrite(array, size, 3, fp);     // 将以数组 array 开始的内存区域的三个数据写到 fp 指
                                        // 向的文件中，每个数据占 size 字节

        // 第三步，关闭文件
        fclose(fp);
    }
    return 0;
}
```

写入完毕，在 E:\file 文件夹下将生成 data.dat 文件，如图 12-5 所示。

图 12-5　生成的 data.dat 文件

【例 12-6】 使用 fread()函数从二进制文件中读取数据（chp12_6.c）。

```
#include <stdio.h>
int main()
{
    int    a;
    int    array[3];
```

```
        int    size = sizeof(int);
        int    i;
        // 第一步，打开文件，并让文件指针 fp 指向打开的文件
        FILE    * fp = fopen("E:\\file\\data.dat","rb");
        if(fp != NULL)
        {
            // 第二步，使用 fread() 函数将文件中的数据读到内存中
            fread(&a, size, 1, fp);
            fread(array, size, 3, fp);
            printf("a=%d\n", a);
            for(i=0; i<3; i++)
            {
                printf("array[%d]= %d\t", i,array[i]);
            }
            // 第三步，关闭文件
            fclose(fp);
        }
        return 0;
    }
```

程序输出结果见图 12-6。

```
a=10
array[0]= 66        array[1]= 77        array[2]= 88
```

图 12-6　从 data.dat 文件中读取到的内容

【例 12-7】 使用 fread() 函数和 fwrite() 函数读写二进制数据（chp12_7.c）。

```
    #include <stdio.h>
    typedef
    struct
    {
        char    name[20];
        int    age;
    } Student;
    int main()
    {
        Student    stus[3] = {{"zhangsan",18}, {"lisi",19}, {"wangwu",20}};
        Student    stu;
        int    size = sizeof(Student);
        int    i;
        FILE    * fp = fopen("E:\\file\\student.dat", "wb");
        if(fp != NULL)
        {
            int    count = fwrite(stus, size, 3, fp);
            if(count == 3)
            {
                printf("成功写入 3 个数据！\n");
            }
            fclose(fp);
```

```
    }
    fp = fopen("E:\\file\\student.dat","rb");
    if(fp != NULL)
    {
        for(i =0; i<3; i++)
        {
            int count = fread(&stu, size, 1, fp);
            if(count ==1)
            {
                printf("name: %s \t age: %d\n", stu.name, stu.age);
            }
        }
        fclose(fp);
    }
    return 0;
}
```

程序输出结果见图 12-7。

图 12-7　读写结构体数据

12.1.5　随机读写文件

前面学习的文件读写函数 fgetc()、fgets()、fputc()、fputs()、fwrite()、fread()都有一个共同的特点，就是对文件进行顺序读写。顺序读的意思是，必须从文件的开始处读数据，如要读取文本文件的第 3 个字符数据，必须先将前 2 个字符读出来，才能读到第 3 个字符。顺序写的意思是，必须往文件的开始处或结尾处写入数据（以"a"方式打开），而不能往文件中的某个特定位置上写入新的数据。这种顺序读写文件的方式有时候会非常不方便，而且效率比较低。本节介绍的随机读写函数将可以读写特定位置的数据，从而提高文件读写的效率。

第一次调用 fgetc()函数读到的是文本文件的第一个字符，第二次调用 fgetc()函数读到的是文件的第二个字符……为什么第二次调用 fgetc()函数读到的是文件的第二个字符，而不是第一个字符呢，系统是如何判断的呢？这就涉及一个文件读写标记的概念，每个文件都有一个文件读写标记。一般情况下，当打开文件的时候，文件读写标记指向文件开头，第一次使用 fgetc()函数从文件读数据时，将文件读写标记所指向的位置上的那个字符读取出来，接着文件读写标记向后移动一个位置，这时第二次调用 fgetc()函数读到的就是文件的第二个字符。以此类推，直到文件末尾。往文件中写入数据也是一样的道理。

为了方便对文件进行操作，可以使用库函数改变文件读写标记的位置，从而达到对文件进行随机读写的目的。

（1）rewind()函数

rewind()函数的原型如下：

```
void rewind(FILE *fp);
```

其作用是使文件读写标记重新回到文件的开头处。

（2）ftell()函数

ftell()函数原型如下：

```
long ftell(FILE *fp);
```

ftell()函数返回文件读写标记当前所指向的位置，如果返回值等于文件的长度时，则表示文件读写标记指向文件的末尾。

（3）fseek()函数

fseek()函数的原型如下：

```
int fseek(FILE *fp, long offset, int origin);
```

fseek()函数的作用是移动文件读写标记的位置，接收 3 个参数，其中第 2 个和第 3 个参数意义如下。

origin 表示移动的起始点，取值范围为 0、1、2。取值为 0，表示文件开始位置；取值为 1，表示当前位置；取值为 2，表示文件结尾位置。为了方便记忆，C 语言标准库的 stdio.h 中给这些值定义了符号常量：

```
#define   SEEK_SET      0
#define   SEEK_CUR      1
#define   SEEK_END      2
```

offset 表示移动的位移量，以 origin 所指定的位置作为移动起始点。例如：

```
fseek(fp, 6, SEEK_SET);
```

表示将移动起始点定位在文件的开始处，然后将文件读写标记移动到距离文件开头 6 字节处。

再如：

```
fseek(fp, -8, SEEK_END);
```

表示将移动起始点定位在文件的结尾处，然后将文件读写标记往前（往文件开始的方向）移动 8 字节。

【例 12-8】 使用 fseek()函数对文件进行随机读写。

```
#include<stdio.h>
int main()
{
    FILE   *fp = fopen("a.txt", "w+");
    char   str[10] = "abcdefghij";
    if(fp==NULL)
    {
        printf("文件不存在!");
    }
    else
    {
        int   pos;
        char   ch;
        fputs(str, fp);
        printf("请输入要读取的位置(0-9): ");
        scanf("%d", &pos);
        fseek(fp, pos, SEEK_SET);
```

```
            ch = fgetc(fp);
            printf("位置%d 上的字符为：%c\n", pos, ch);
            fclose(fp);
        }
        return 0;
    }
```

程序运行效果见图 12-8。

图 12-8　例 12-8 输出结果

【例 12-9】　使用 fseek()函数对文件进行随机读写。

```
    #include<stdio.h>
    typedef
    struct
    {
        char   name[20];
        int    age;
    }Person;

    int main()
    {
        FILE   * fp = fopen("a.dat","wb+");
        Person   persons[4] = {{"zhangsan",18}, {"lisi",19}, {"wangwu",20}, {"zhaoliu",21}};
        if(fp==NULL)
        {
            printf("文件不存在!");
        }
        else
        {
            int   pos;
            Person   p;
            fwrite(persons,sizeof(Person), 4, fp);
            printf("请输入要读取的序号(0-3): ");
            scanf("%d", &pos);
            fseek(fp, pos*sizeof(Person), SEEK_SET);
            fread(&p, sizeof(Person), 1, fp);
            printf("序号为%d 的人的信息为：name:%s, age:%d\n",pos,p.name,p.age);
            fclose(fp);
        }
        return 0;
    }
```

程序运行效果见图 12-9。

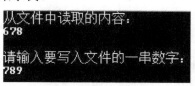

图 12-9　例 12-9 输出结果

12.2　增量项目驱动

根据第 2 章 LED 数码管的介绍，本章实现数字的永久保存与读取，参考代码见增量 10。图 12-10 为增量 10 的输出结果示例。

图 12-10　数字的永久保存与读取

〖增量 10〗　数字的永久保存与读取。

```c
#include <stdio.h>                      /* 包含输入输出所需要的库函数的头文件 */
#define  LEN       1000                 /* 字符串数组长度 */
/* 函数声明 */
int read(char *data );
int write(char *data);

int main()
{
    char    data[LEN];                  /* 创建一个数组 */
    int   i;
    for (i = 0; i<LEN; i++)             /* 清空 data 数组 */
    {
        data[i] = '\0';
    }
    read(data);
    printf("从文件中读取的内容: \n%s\n\n", data);
    for (i = 0; i < LEN; i++)            /* 清空 data 数组 */
    {
        data[i] = '\0';
    }
    printf("请输入要写入文件的一串数字: \n");
    scanf("%s", data);
    write(data);
    return 0;
}

int read(char *data)
{
    FILE   *fp;
    int   ch;
```

```c
    int    i;
    fp = fopen( "data.txt", "r");              /* 以只读方式打开文件 */
    if (NULL == fp)                    /* 检测文件是否打开成功 */
    {
        return -1;
    }
    /* 先获取第一个字符以便检测是否为空文件（第一个字符就是文件末尾 EOF） */
    ch = fgetc(fp);
    for(i=0; i<LEN-1; i++)             /* 循环，字符串的最后一个字符应该留出来作为\0 的位置 */
    {
        if (EOF != ch)                /* 检查是否已经到达文件末尾 */
        {
            data[i] = ch;             /* 保存获取的内容并获取下一个字符 */
            ch = fgetc(fp);
        }
        else
        {
            break;
        }
    }
    data[i] = '\0';                    /* 设置字符串末尾的结束符 */
    fclose(fp);                        /* 关闭文件 */
    return 0;
}
int write(char *data)
{
    FILE    *fp;
    int    i;
    fp = fopen("data.txt", "w");       /* 以覆写方式打开文件 */
    if ( NULL == fp )                  /* 检测文件是否打开成功 */
    {
        return -1;
    }
    for (i=0; i<LEN; i++)              /* 循环写入 */
    {
        fputc(data[i], fp);
    }
    fclose(fp);                        /* 关闭文件 */
    return 0;
}
```

本章小结

　　文件即存储在外部介质（如硬盘）中的数据的集合，文件可分为文本文件和二进制文件。

使用库函数 fgetc()、fgets()、fputc()、fputs()可以对文本文件进行顺序读写；使用库函数 fread()、fwrite()可以对二进制文件进行顺序读写。

为了提高文件读写效率，可以使用库函数 rewind()、ftell()、fseek()移动文件当前读写标记的位置，从而实现对文件的随机读写。

习 题 12

一、改错，指出并改正以下程序中的错误

1.

```c
#include<stdio.h>
int main()
{
    FILE    fp = fopen("D:\b.txt",'w');
    if(fp==NULL)
    {
        printf("文件不存在!");
    }
    else
    {
        printf("成功打开文件!");
        fclose(fp);
    }
    return 0;
}
```

2.

```c
#include<stdio.h>
int main()
{
    FILE    *fp = fopen("a.txt","r");
    if(fp=NULL)
    {
        printf("文件不存在!");
    }
    else
    {
        char    ch = fgetc(fp);
        while(ch != NULL)
        {
            printf("%c", ch);
            ch = fgetc(fp);
        }
        fclose(fp);
    }
    return 0;
}
```

二、程序填空

3. 下面程序将字符数组 str 的内容写入文件 a.txt 中，请填空。

```
#include<stdio.h>
int main()
{
    FILE    *fp = _____;
    char    str[] = "123456";
    if(_____)
    {
        printf("文件不存在!");
        return 0;
    }
    else
    {
        int    i;
        for(i=0; i<strlen(str); i++)
        {
            fputc(str[i],fp);
        }
        fclose(fp);
    }
    return 0;
}
```

4. 下面程序将结构体数组 books 的内容写入文件 book.dat 中，请填空。

```
#include<stdio.h>
typedef
struct
{
    char    name[30];
    float    price;
}Book;

int main()
{
    FILE    *fp = fopen("book.dat","wb+");
    Book    books[3] = {{"C language",30}, {"Java",25}, {"C Plus Plus", 36}};
    if(fp==NULL)
    {
        printf("文件不存在!");
    }
    else
    {
        fwrite(books, _____, 3, fp);
                    ;
    }
    return 0;
}
```

5. 下面程序将 int 数组 array 的内容写入文件 data.dat 中，并将数组的最后一个元素从文件中读出来，请填空。

```c
#include<stdio.h>
int main()
{
    FILE    *fp = fopen("data.dat", "wb+");
    int    array[6] = {1,2,3,4,5,6};
    if(fp==NULL)
    {
        printf("文件不存在!");
    }
    else
    {
        int    x;
        fwrite(array, sizeof(int), 6, fp);
        fseek(fp, -sizeof(int), _____);
        fread(_____, sizeof(int), 1, fp);
        printf("x=%d\n", x);
        fclose(fp);
    }
    return 0;
}
```

三、读程序，分析并写出运行结果

6.
```c
#include<stdio.h>
int main()
{
    FILE    *fp = fopen("H:\\a.txt", "r");
    if(fp=NULL)
    {
        printf("文件不存在!");
    }
    else
    {
        printf("成功打开文件!");
    }
    return 0;
}
```

7.
```c
#include<stdio.h>
int main()
{
    char    arr[20] = "123\nabc";
    FILE    *fp = fopen("a.txt", "w");
    if(fp != NULL)
    {
        int    i;
```

```c
            for(i=0; i<strlen(arr); i++)
            {
                fputc(arr[i], fp);
            }
            fclose(fp);
        }
        fp = fopen("a.txt", "r");
        if(fp != NULL)
        {
            char   ch = fgetc(fp);
            while(ch != EOF)
            {
                printf("%c", ch);
                ch = fgetc(fp);
            }
            fclose(fp);
        }
        return 0;
    }
```

8.

```c
#include<stdio.h>
int main()
{
    char   arr[] = "abcdef";
    FILE   *fp = fopen("a.txt", "w");
    if(fp != NULL)
    {
        int   i;
        fputs(arr, fp);
        fclose(fp);
    }
    fp = fopen("a.txt", "r");
    if(fp != NULL)
    {
        char   array[3];
        int   count = 0;
        char   *result;
        result = fgets(array, 3, fp);
        while(result != NULL)
        {
            count++;
            printf("%s\n", array);
            result = fgets(array, 3, fp);
        }
        printf("count: %d\n", count);
        fclose(fp);
    }
```

```
        return 0;
    }
```

9.
```
    #include<stdio.h>
    int main()
    {
        int   x = 3;
        int   y = 5;
        int   size = sizeof(int);
        FILE   *fp = fopen("a.dat", "wb");
        printf("before file operation:\n");
        printf("x=%d, y=%d\n", x, y);
        if(fp != NULL)
        {
            fwrite(&x, size, 1, fp);
            fwrite(&y, size, 1, fp);
            fclose(fp);
        }
        fp = fopen("a.dat", "rb");
        if(fp != NULL)
        {
            fread(&y, size, 1, fp);
            fread(&x, size, 1, fp);
            fclose(fp);
        }
        printf("after file operation:\n");
        printf("x=%d, y=%d\n", x, y);
        return 0;
    }
```

四、编程题

10. 在 E 盘下有一个 test.txt 文件，从键盘输入一些字符，写入该文件中，当输入"#"时，停止写入。

11. 将 10 题中的文件 test.txt 中的内容读出，并输出到控制台。

12. 在 E 盘下存放一张图片（名字为 src.png），编写程序将其复制到 F 盘根目录下。

13. 在 E 盘下有两个文件 a.txt 和 b.txt，分别存放一行字母，把这两个文件的信息合并（按字母顺序排列），输出到 E 盘下的一个新文件（如 c.txt）中。例如，a.txt 的内容为"edf"，b.txt 中的内容为"abcg"，则合并后的内容为"abcedfg"，并写入文件 c.txt 中。

第13章 预编译命令

⌘ 理解预编译的概念以及在源程序中如何使用预编译命令
⌘ 理解并掌握文件包含命令的使用方法
⌘ 熟练掌握带参数和不带参数的宏定义命令的格式和用法
⌘ 了解条件编译命令的形式和基本用法

通过前面几章的学习，大家可以发现，源程序中通常会包含以#include、#define 开头的多行语句，这就是预编译处理命令行，也是本章将介绍的内容。

本章将讨论预编译的概念以及常用的预编译处理命令，如文件包含、宏定义和条件编译。文件包含可以将其他源程序文件包含进来，以简化编程工作；宏定义是用一个标识符表示一个字符串，具有类似函数的功能；条件编译可以编写易移植、易调试的程序。

下面详细介绍与文件处理相关的各知识点，并通过示例代码来演示，帮助读者掌握并灵活运用各知识点。

13.1　预编译的概念和作用

预编译也称为编译预处理，是指在源程序编译之前由编译预处理程序进行预处理，其目的是对程序中的特殊命令做出解释，以便产生新的源程序并对其进行正式编译，而这些特殊命令就是预编译命令，它是 C 语言所特有的，其优点是使程序具有良好的可阅读性、可移植性和可调试性，并改善编程环境。

C 语言的预编译命令有 3 种：文件包含、宏和条件编译。从形式上看，这些命令都要独占一行，并以"#"开头，末尾不加";"。

预编译命令的主要作用可以归结为 3 方面：

① 修改代码。进入编译器后的代码，如果不经过预处理，其中的关键字、标识符、语句等无法修改，若想对程序再做一些修改，就必须进行预处理，否则只能手动修改代码。

② 确定程序中没有不确定的东西。例如，程序写好之后运行在什么平台无法确定，而不同的平台也有所差异。

③ 重复使用某些代码。

13.2　文件包含

文件包含是指将一个源文件的全部内容包含到另一个源文件中。C 语言提供了#include 命令来实现此功能，其具体的处理形式有两种，分别为：

```
#include <文件名>
#include "文件名"
```
在前面的章节中，大家可以发现多次使用该命令来包含库函数的头文件。例如：
```
#include <stdio.h>
```
文件包含命令的两种处理形式并没有本质的区别，只在于搜索文件的方式不同，具体分析如下。

1．使用<文件名>

用<>表示的文件一般是编译系统的头文件，使用时系统直接按照标准目录搜索，这个标准目录由编译程序的用户定义。

2．使用"文件名"

用" "表示的文件一般是用户编写的文件，存放在用户目录下，使用时系统首先在使用文件包含命令的源程序所在目录内查找指定的包含文件，如果没有找到，再到标准目录内进行搜索。如果还是没有找到，编译程序将提示无法打开文件的错误信息。

在大型的程序设计中，文件包含命令的使用会使程序更具模块化。一个大型的程序通常由不同的程序员合作完成，这样可以将一个共用的符号常量、宏定义、结构体定义等单独放在一个头文件中。在需要时，只在文件的开头处包含该头文件即可，这样既可以省去重复定义，节省时间，又能避免数据定义的不一致。

对于文件包含有以下几点需要说明：

① 一个#include命令只能包含一个文件，若需要包含多个文件，则需要使用多个#include命令。

② 文件包含允许嵌套，即在一个被包含的文件中又可以包含其他的文件。比如，文件file1.C 中包含文件 file2.C，文件 file2.C 中又包含文件 file3.C，这样就形成了文件包含嵌套。

13.3 宏定义

在 C 语言源程序中，允许用一个标识符表示一个字符串，称为"宏"。被定义为"宏"的标识符称为"宏名"，用#define 预编译命令来定义，并且分为无参数的宏定义和带参数的宏定义两种。

在进行预编译时，对程序中多次出现的"宏名"，都用宏定义中的字符串去替换，称为"宏替换"。宏定义由源程序中的宏命令来完成，宏替换由预处理程序自动完成。

1．不带参数的宏定义

不带参数的宏定义的基本形式如下：
```
#define    标识符  [字符串]
```
其中，标识符在宏定义中被称为宏名，尽量使用大写字母，并遵循 C 语言标识符的命名规则；字符串称为宏体，一般是常量、语句、表达式，也可以省略。#define、标识符和字符串之间要用空格隔开。

在使用不带参数的宏定义时，需要做以下几点说明：

① 宏名一般习惯用大写字母表示，用来与变量名区别，但这并非规定，可以用小写。

② 使用宏名代替字符串可以减少程序中重复书写字符串的工作量。

③ 宏定义是用宏名代替一个字符串，即只进行简单的字符串置换，不做正确性检查。

④ #define 命令定义在程序的函数之外，宏名的有效范围从它出现到源文件结束。

⑤ 在进行宏定义时，可以引入已定义的宏名，可层层置换，但不能重复定义。

⑥ 可以用#undef 命令终止宏定义的作用域。

程序中用" "括起来的字符串以及标识符中的部分，即使有与宏名完全相同的成分，由于它们不是宏名，因此在编译预处理时，不会进行替换，如例 13-1 所示。

【例 13-1】 宏定义举例（chp13_1.c）。

```
#include <stdio.h>
#define    ERROR        0                    // 不带参数的宏定义
#define    M(a, b)       a/b
int main()
{
    int   x;
    x=M(6, 3);
    printf("ERROR\n");
    printf("a=%d\n", x);
    return 0;
}
```

程序输出见图 13-1。

图 13-1　例 13-1 运行结果

由于在 printf 语句中 ERROR 被" "括起来了，把"ERROR"当成字符串处理，因此不做宏替换。

2. 带参数的宏定义

带参数的宏定义与不带参数的宏定义比较，不仅要进行简单的字符串替换，还要进行参数处理。在编译预处理时，用"字符串"来代替宏，并用对应的实参来替换"字符串"中的形参。其基本形式如下：

```
#define       宏名(形参列表)       字符串
```

其中，字符串中包含参数列表中的参数。

例如，如下程序段：

```
#define       M(x, y)    x/y            // 宏定义
......
a=M(6, 3);                              // 带参数的宏的引用
......
```

M(x, y)称为"宏"，M 是一个标识符，称为宏名。M 后的( )中由若干称为形参的标识符组成，各形参之间用","隔开，如"x, y"。字符串中通常包含形参。

关于带参数的宏定义，在使用时有以下几点需要说明：

① 带参数宏的展开只是将后面括号中的实参字符串代替#define 命令行中的形参。

② 带参数宏定义时，宏名与参数的括号之间不应加空格，否则空格以后的字符将作为替换字符串的一部分。比如，将

```
        #define          M(x, y)     x/y
```
写成
```
        #define          M  (x, y)   x/y
```
将被认为是不带参数的宏定义，宏名 M 代表字符串"(x, y) x/y"。

　　上面对"a=M(x, y)"的替换结果是"a=6/3"。字符串中的 x、y 为宏名后面的参数表中的形参，在进行宏替换时，对应形参的实参 6、3 替换字符串中对应的形参，字符串中的"/"原样保留。带参数的宏定义要求实参个数与形参个数相同，但没有类型要求，这与函数调用不同，函数调用要求参数的类型必须相同或兼容。

　　如果宏定义中包含"##"，则宏替换时将"##"去掉，并将其前后的字符串合在一起。比如：
```
        #define          M(x, y)     x##y
```
若用
```
        #define          M(led,3)   ;
```
语句引用带参数的宏名，其展开为"led3"。

　　注意宏定义中( )的使用。若将上面的
```
        a=M(6, 3);
```
改为
```
        a=M(6+4, 3+2);
```
则结果为
```
        a=6+4/3+2
```
这是因为带参数的宏替换实质上仍然是字符串的替换，若要想得到想要的结果，就要修改宏定义为
```
        #define          M(x, y)     (x)/(y)
```
这样才能得到希望的结果
```
        a=(6+4)/(3+2)
```
　　宏定义中由" "括起来的字符串常量若含有形参，则在做宏替换时，实参不会替换" "中的形参。例如，定义宏
```
        #define          ADD(n)    printf("n=%d\n", n)
```
若用
```
        ADD(a+b);
```
语句引用带参数的宏名，结果为
```
        printf("n=%d\n", x+y);
```
这是因为第一个 n 是在双引号括起来的字符串中，是字符串常量而不是形参。

　　要解决此问题，就要在形参前加"#"，写成
```
        #define          ADD(n)    printf("#n=%d\n", n)
```
这时再用
```
        ADD(x+y);
```
语句进行引用，结果就会变为
```
        printf("x+y=%d\n", x+y);
```

3. 取消宏定义

　　在程序中，宏一旦被定义，其作用域就从文件中的定义处开始，直到文件结束。在文件范围内有效。如果想要改变其作用域，可以使用#undef 命令来取消宏定义，提前结束其作用域。

取消宏定义的一般形式为：

    #undef   宏名或宏函数名

例如，有如下程序段：

```
#define        Max        100
int main()
{
......
}
#undef         Max
void fun1()
{
......
}
```

Max 的作用域从"#define Max 100"开始，到"#undef Max"命令行结束。

4．宏、函数与宏函数的区别

宏与函数的区别如下。

① 宏做的是简单的字符串替换（注意是字符串的替换，不是其他类型参数的替换）；而函数进行参数的传递，参数是有数据类型的，可以是各种类型。

② 宏的参数替换是不经计算而直接处理的；而函数调用是将实参的值传递给形参，既然说是值，自然是计算得来的。

③ 宏在编译之前进行，即先用宏体替换宏名，再编译；而函数显然是编译之后，在执行时才调用的。因此，宏占用的是编译的时间，而函数占用的是执行时的时间。

④ 宏的参数是不占内存空间的，因为只是计算机字符串的替换；而函数调用时的参数传递则是具体变量之间的信息传递，形参作为函数的局部变量，显然是占用内存的。

⑤ 函数的调用是需要付出一定的时空开销的，因为系统在调用函数时要保留现场，然后转入被调用函数去执行，调用完再返回主调函数，此时再恢复现场，这些操作显然在宏中是没有的。

具体见表 13-1。

表 13-1　宏与函数的区别

	宏	参 数
处理时间	编译时	程序运行时
参数类型	无类型问题	定义实参、形参两种类型
处理过程	不分配内存 简单的字符置换	分配内存 先求实参值，再带入形参
程序长度	变长	不变
运行速度	不占运行时间	调用和返回占时间
返回值	只能有一个	可以得到多个

函数与宏函数的区别在于，宏函数占用了大量的空间，而函数占用了时间。

需要知道的是，函数调用是要使用系统的栈来保存数据的，如果编译器中有栈检查选项，一般在函数的头部会嵌入一些汇编语句对当前栈状态进行检查；同时，CPU 要在函数调用时保存和恢复当前的现场，进行入栈和出栈操作，所以函数调用需要一些 CPU 时间。

而宏函数不存在这个问题。宏函数仅仅作为预先写好的代码嵌入到当前程序，不会产生函数调用，所以仅仅占用了空间，在频繁调用同一个宏函数的时候，该现象尤其突出。

13.4 条件编译

一般情况下，所有的行都参加编译。但是有时要求程序在满足一定的条件时才进行编译，本节介绍的条件编译就具有该功能。

条件编译主要有 3 种形式：#ifdef 命令、#ifndef 命令和#if 命令。

1．#ifdef 命令

#ifdef 命令的一般使用形式如下：

#ifdef 标识符
  程序段 **1**
[#else
  程序段 **2]**
#endif

其中，[ ]中的部分可以省略。

#ifdef 命令的具体含义为：若标识符被定义过，则编译程序段 1，否则编译程序段 2。

2．#ifndef 命令

#ifndef 命令的一般使用形式如下：

#ifndef 标识符
  程序段 **1**
[#else
  程序段 **2]**
#endif

同上，[ ]中的部分可以省略。

#ifndef 命令的具体含义为：如果标识符没有被定义过，那么编译程序段 1，否则编译程序段 2。

3．#if 命令

#if 命令的一般使用形式如下：

#if 常量表达式
  程序段 **1**
[#else
  程序段 **2]**
#endif

[ ]中的部分可以省略。

#if 命令的具体含义为：若常量表达式的值为非 0，则编译程序段 1，否则编译程序段 2。

可能有读者会想，为什么不直接用 if 语句进行处理？主要原因是减少被编译的语句。因为语句都需要编译，所以目标程序长，并且在运行时对 if 语句需要测试，所以运行的时间也长，而采用条件编译可以减少目标程序的长度，减少运行时间。

【例 13-2】 条件编译（chp13_2.c）。

```
#include <stdio.h>
#define       Maxsize
#ifdef Maxsize
    #define       Maxsize   100
#else
    #define       Maxsize   10
#endif
int main()
{
    int   a=Maxsize;
    printf("%d\n", a);
    return 0;
}
```

程序输出见图 13-2。

图 13-2　条件编译输出

本章小结

预编译命令是 C 语言特有的功能，是在对源程序正式编译之前完成的。灵活使用预编译命令有利于程序的阅读、修改、调试和移植。本章主要通过讲解预编译命令的概念和作用，使读者对其有基本的了解。重点对文件包含和宏定义（带参数和不带参数）进行了阐述，最后就条件包含的相关知识点进行了说明。

注意，预编译命令本身并不形成任何 C 程序代码，它仅为程序编译做准备。

文件包含是预编译的一个重要功能，可以把多个源文件连接成一个源文件进行编译，结果生成一个目标文件。

宏定义是用一个标识符表示一个字符串，该字符串可以是常量、变量或表达式。在宏调用时用该字符串替换宏名。宏定义与参数相似，可以带参数，在调用时以实参置换形参。为避免宏置换发生歧义，宏定义中的字符串最好加上括号，字符串中出现的形参两边也应该括起来。

条件编译允许只编译源程序中满足条件的程序段，使生成的目标程序变短，这样一来可以节省内存的开销，同时提高程序的效率。

习 题 13

一、填空

1. 编译系统对宏命令的处理是在程序_____进行的。

2. 预编译命令必须以_____开头。

3. 在 C 语言中，提前终止宏定义的作用域的命令是_____。

4. 在文件包含命令中，当#include 后面的文件名用双引号引起来时，寻找被包含文件的方式是

_____。

5. 执行下列语句的程序后，a 的值是_____。

```
#define    SQR(X)   X*X
int main()
{
    int    a=10, k=2, m=3;
    a/=SQR(m)/SQR(k);
    printf("%d\n",a);
    return 0;
}
```

6. 现有如下程序，计算程序中 for 循环执行的次数是_____。

```
#define        N        3
#define        M        N+1
#define        NUM      2*M+1
int main()
{
    int    i;
    for (i=1; i<=NUM; i++)
        printf("%d\n", i);
    return 0;
}
```

二、编程

7. 使用预编译命令编写一段程序，若程序中定义了宏 SEVEN，将"TUBE"替换为字符串"seven segment led display!"，如果没有定义宏 SEVEN，将"TUBE"替换为字符串"other type led display!"替换，并输出"TUBE"所代表的字符串。

8. 使用带参数的宏编写代码，计算两个整数 24 和 6 相除之后的余数，并输出结果。

9. 分别用函数和带参数的宏编写代码，要求从键盘输入 3 个数，求出这 3 个数中最大者并输出。

附录A ASCII 表

信息在计算机中是用二进制表示的，这种表示法让人理解起来比较困难。因此，计算机上都配有输入和输出设备，这些设备的主要目的是以一种人类可阅读的形式将信息在这些设备上显示出来供人阅读理解。

为了保证人与设备、设备与计算机之间能进行正确的信息交换，人们编制了统一的信息交换代码，这就是 ASCII，它的全称是"美国信息交换标准代码"。

ASCII 码由 7 位二进制数组成，将其转换为十进制数，其值为 0~127。ASCII 码值与控制字符之间的对应关系如下。

ASCII 值	控制字符	ASCII 值	控制字符	ASCII 值	控制字符	ASCII 值	控制字符
0	NUL	22	SYN	44	,	66	B
1	SOH	23	ETB	45	-	67	C
2	STX	24	CAN	46	.	68	D
3	ETX	25	EM	47	/	69	E
4	EOT	26	SUB	48	0	70	F
5	END	27	ESC	49	1	71	G
6	ASK	28	FS	50	2	72	H
7	BEL	29	GS	51	3	73	I
8	BS	30	RS	52	4	74	J
9	HT	31	US	53	5	75	K
10	LF	22	SYN	54	6	76	L
11	VT	23	ETB	55	7	77	M
12	FF	32	(space)	56	8	78	N
13	CR	33	!	57	9	79	O
14	SO	34	"	58	:	80	P
15	SI	35	#	59	;	81	Q
16	DLE	36	$	60	<	82	R
17	DC1	37	%	61	=	83	S
18	DC2	38	&	62	>	84	T
19	DC3	39	'	63	?	85	U
20	DC4	40	(	64	@	86	V
21	NAK	41	)	65	A	87	W

ASCII 值	控制字符	ASCII 值	控制字符	ASCII 值	控制字符	ASCII 值	控制字符
88	X	98	b	108	l	118	v
89	Y	99	c	109	m	119	w
90	Z	100	d	110	n	120	x
91	[	101	e	111	o	121	y
92	\	102	f	112	p	122	z
93	]	103	g	113	q	123	{
94	^	104	h	114	r	124	|
95	_	105	i	115	s	125	}
96	`	106	j	116	t	126	~
97	a	107	k	117	u	127	

附录 B　C 语言中的关键字

C 语言的关键字共有 32 个，根据关键字的作用，可分为数据类型关键字、控制语句关键字、存储类型关键字和其他关键字 4 类。

1. 数据类型关键字

序号	关键字	功能说明
1	char	声明字符型变量或函数
2	double	声明双精度变量或函数
3	enum	声明枚举类型
4	float	声明浮点型变量或函数
5	int	声明整型变量或函数
6	long	声明长整型变量或函数
7	short	声明短整型变量或函数
8	signed	声明有符号类型变量或函数
9	struct	声明结构体变量或函数
10	union	声明共用体（联合）数据类型
11	unsigned	声明无符号类型变量或函数
12	void	声明函数无返回值或无参数，声明无类型指针

2. 存储类型关键字

序号	关键字	功能说明
1	auto	声明自动变量，一般省略不写
2	extern	声明变量是在其他文件中声明（也可以看成引用变量）
3	register	声明寄存器变量
4	static	声明静态变量

3．控制语句关键字

序号	关键字	功能说明	备注
1	for	一种常用循环语句	循环语句
2	do	循环语句的循环体	
3	while	循环语句的循环条件	
4	break	跳出当前循环	
5	continue	结束当前循环，开始下一轮循环	
6	if	常用条件语句	条件语句
7	else	条件语句否定分支（与 if 连用）	
8	goto	无条件跳转语句	
9	switch	用于开关语句	开关语句
10	case	开关语句分支	
11	default	开关语句中的"其他"分支	
12	return	子程序返回语句（可以带参数，也看不带参数）	返回语句

4．其他关键字

序号	关键字	功能说明
1	const	声明只读变量
2	inline	建议编译器做内联展开处理
3	restrict	只可以用于限定和约束指针
4	sizeof	计算数据类型长度
5	typedef	用以给数据类型取别名等
6	volatile	说明变量在程序执行中可被隐含地改变

附录 C 运算符的优先级和结合性

优先级	运算符	作 用	结合性	参与运算个数
1	( )	圆括号	左结合	
	[ ]	下标		
	->	指向结构体成员		
	.	结构体成员		
2	!	逻辑非	右结合	1 （单目运算符）
	~	按位取反		
	++	自增		
	--	自减		
	-	负号		
	(类型)	类型转换		
	*	指针（间接访问）		
	&	取地址		
	sizeof	长度		
3	*	乘法	左结合	2 （双目运算符）
	/	除法（整除）		
	%	求余（取余）		
4	+	加法		
	-	减法		
5	>>	右移		
	<<	左移		
6	< <= >= >	关系运算符		
7	==	等于		
	!=	不等于		
8	&			
9	^			
10	|			
11	&&			
12	||			
13	= += -= *= /= %= >>= <<= &= ^= |=	赋值	右结合	
14	?:	条件运算符	右结合	3 （三目运算符）
15	,	逗号运算符	左结合	

附录 D C 语言中的常用库函数

库函数并不是 C 语言的组成部分,是由人们根据需要编制而成并提供给用户使用。多数 C 编译系统可以使用 ANSI C 标准中的函数的绝大部分,下面就常用的库函数做简要说明,详细的可以通过查阅所用系统的使用手册。

1. 输入/输出函数

当需要调用输入/输出函数时,必须在源文件中包含#include <stdio.h>或#include "stdio.h"命令行。

函数名	函数原型	功能说明	备注
printf	int printf(char *format,args,…);	将 args 列表的值按照 format 指定的格式输出	format 可以是一个字符串,或字符数组的起始地址
scanf	int scanf(char *format,args,…);	按照 format 指定的格式输入数据	args 为指针
getc	int getc(FILE *fp)	从文件 fp 中读入一个字符	
putc	int putc(int ch, FILE *fp)	把字符 ch 输出到文件 fp 中	
gets	char *gets()	从标准输入设备中读取一个字符串	
puts	int puts(char *str)	将字符串 str 输出到标准输出设备	
fopen	FILE *fopen(char *filename, int mode)	打开名为 filename 的文件	
fclose	int fclose(FILE *fp)	关闭 fp 所指的文件,释放文件缓冲区	
feof	int feof(FILE *fp)	检查文件是否结束	

2. 字符与字符串函数

如果需要调用字符函数,需要在源文件中包含#include <string.h>或#include "string.h"命令行;若需要调用字符串函数,则要包含#include <ctype.h>或#include "ctype.h"命令行。下表中前 6 个为字符串函数,其他为字符函数。

函数名	函数原型	功能说明	备注
strcat	char *strcat(char *str1,char *str2)	将字符串 str2 连接到 str1 后边	str1 最后边的终止符被取消
strchr	char *strchr(char *str, int ch)	找出 str 指向的字符串中第一次出现字符 ch 的位置	
strcmp	int strcmp(char *str1,char *str2)	比较两个字符串的大小	str1<str2,返回负数 str1=str2,返回 0 str1>str2,返回正数
strcpy	char *strcpy(char *str1, char *str2)	将 str2 指向的字符串复制到 str1 字符串中去	返回 str1

函数名	函数原型	功能说明	备注
strlen	unsigned int strlen(char *str)	统计字符串 str 中字符的个数（不包含终止符）	
strstr	char *strstr(char *str1, char str2)	找出 str2 中第一次出现 str1 的位置	
isalnum	int isalnum(int ch)	检查 ch 是否为字母或数字	
isalpha	int isalpha(int ch)	检查 ch 是否为字母	
iscntrl	int iscntrl(int ch)	检查 ch 是否为控制字符	是，则返回 1，否则返回 0
isdigit	int isdigit(int ch)	检查 ch 是否为 0～9 的数字	
islower	int islower(int ch)	检查 ch 是否为小写字母	
isupper	int isupper(int ch)	检查 ch 是否为大写字母	返回其 ASCII 值
isprint	int isprint(int ch)	检查 ch 是否为包含空格符在内的可打印字符	

3. 数学函数

若需要用到以下函数，需要在源文件中包含命令行#include <math.h>或#include "math.h"。

函数名	函数原型	功能说明	备注
sqrt	double sqrt(double x)	计算 x 的开平方	x 应大于或等于 0
pow	double pow(double x,double y)	计算 x^y 的值	
log	double log(double x)	计算 lnx 的值	
log10	double log10(double x)	计算 $log10^x$ 的值	
sin	double sin(double x)	计算 sin(x)的值	x 的单位为弧度
cos	double cos(double x)	计算 cos(x)的值	
tan	double tan(double x)	计算 tan(x)的值	
asin	double asin(double x)	计算 arcsin(x)的值	x 在-1～1 范围内
acos	double acos(double x)	计算 arccos(x)的值	
atan	double atan(double x)	计算 arctan(x)的值	atan
abs	int abs(int x)	计算整数 x 的绝对值	abs
fabs	double fabs(double x)	计算双精度实数 x 的绝对值	fabs
exp	double exp(double x)	计算 e^x 的值	exp
fmod	double fmod(double x,double y)	计算 x/y 后的双精度余数	fmod
floor	double floor(double x)	计算不大于双精度实数 x 的最大整数	floor

4. 动态存储分配函数

在编制程序的过程中，如果需要动态调整内存的分配，就必须在源文件中包含命令行#include <stdlib.h>或#include "stdlib.h"。

函数名	函数原型	功能说明
malloc	void *malloc(unsigned size)	分配 size 字节的存储空间
calloc	void *calloc(unsigned n,unsigned size)	分配 n 个数据项的内存空间，每个数据项的大小为 size 字节
realloc	void *realloc(void *p,unsigned size)	把 p 所指内存区的大小改为 size 字节
free	void *free(void *p)	释放 p 所指的内存区
exit	void exit(int state)	程序终止执行，返回调用过程，state 为 0 则正常终止，非 0 则非正常终止
rand	int rand(void)	产生 0～32767 的随机整数

附录 E C 语言中的标准头文件

下面就基本的头文件进行简要说明。希望通过下表可以帮助读者在阅读程序时清楚头文件的具体功能。

序号	头文件名	内容和功能说明
1	\<stdio.h\>	输入/输出：提供了输入/输出的宏、类型和函数
2	\<math.h\>	数学运算：定义了有关数学运算的宏、结构体和函数
3	\<stdlib.h\>	实用工具：提供了一般的通用工具和与之相关的宏，类型
4	\<string.h\>	字符串操作：提供了宏、类型和字符数组的处理函数
5	\<time.h\>	日期和时间：提供了操作时间的宏、类型和函数
6	\<ctype.h\>	字符操作：声明了字符类别和相关的函数
7	\<assert.h\>	程序诊断：定义了 assert，static_assert 宏和 NDEBUG 宏
8	\<complex.h\>	复数运算：定义了复数运算的宏和函数声明
9	\<errno.h\>	错误标示：定义了有关出错的一些宏
10	\<fenv.h\>	浮点环境：提供了访问浮点环境的类型和宏，用于观察和设置浮点运算行为
11	\<float.h\>	浮点类型：定义了一些宏来扩展标准的浮点类型模型的范围和参数
12	\<inttypes.h\>	整型格式转化：包含\<stdint.h\>头文件并对其做了扩展
13	\<iso646.h\>	可选拼写：定义了位操作的 11 个宏，如#define and && …
14	\<limits.h\>	整型的尺寸：定义了一些宏来扩展标准整型模型的范围和参数
15	\<locale.h\>	本地化：声明了一些宏和函数，来获得和设置本地化信息，如本地时间格式等
16	\<setjmp.h\>	非局部跳转：通过了宏，类型和函数来绕过一般的函数调用和返回规则
17	\<signal.h\>	信号操作：提供了操作在程序运行时出现的信号的宏，类型和函数
18	\<stdarg.h\>	可变参数：提供了处理可变参数的宏，类型和函数
19	\<stdbool.h\>	Bool 类型和值：定义了 4 个宏：boo，_Bool，true 和 false
20	\<stddef.h\>	公共定义：定义了类似于 NULL 的宏和 size_t 的数据类型
21	\<stdint.h\>	整型：定义了整型的宽度和相应的宏的集合
22	\<tgmath.h\>	通用类型数学计算：包含\<math.h\>和\<complex.h\>，以及一些通用类型的宏
23	\<wchar.h\>	多字节和宽字节工具：提供了处理扩展多字节和宽字节的宏，类型和函数
24	\<wctype.h\>	宽字节字符类型：类似\<ctype.h\>，提供了宽字节类型有关的宏，类型和函数

反侵权盗版声明

電子工业出版社依法对本作品享有专有出版权。任何未经权利人书面许可，复制、销售或通过信息网络传播本作品的行为；歪曲、篡改、剽窃本作品的行为，均违反《中华人民共和国著作权法》，其行为人应承担相应的民事责任和行政责任，构成犯罪的，将被依法追究刑事责任。

为了维护市场秩序，保护权利人的合法权益，我社将依法查处和打击侵权盗版的单位和个人。欢迎社会各界人士积极举报侵权盗版行为，本社将奖励举报有功人员，并保证举报人的信息不被泄露。

举报电话：（010）88254396；（010）88258888

传　　真：（010）88254397

E-mail：　dbqq@phei.com.cn

通信地址：北京市万寿路 173 信箱
　　　　　电子工业出版社总编办公室

邮　　编：100036